U0318745

禅者的秘密

【饮食】

饥来吃饭困来眠 真实不虚中国禅

文匯出版社

作者简介

　　茶密修养由悟义老师根据自己的实修体悟而创立,系统归纳升华了恩师北大哲学博士静岩老师三十多年的禅修、艺术人生的经验、感悟和智慧,为现代人舒缓心理压力,提升精神修养探索了一条有益的途径。

　　作者代表作品有《茶密人生》《茶密功夫》《茶密禅心》。《茶密人生》是记录作者自己如何摸索地找回健康快乐的过程。《茶密功夫》则是讲述作者和茶密修养的老师们一起找寻不可思议的茶密修养的十二功夫源头,介绍了简单的修法,思想的来源等。《茶密禅心》系统地将中国禅文化的思想精华、发展脉络予以归纳,帮助读者真正认识中国禅文化的思想本源。

悟义 老师

身心灵导师
茶密修养创始人
《茶密人生》《茶密功夫》《茶密禅心》作者
Email: chami@vip.163.com

　　继《茶密禅心》面市后，出乎意料地得到了各界的高度认同，更加加强了我将现代常常被人误解的"中国禅"在生活、修炼中的各个方面认知、思想真实还原呈现在大众面前的信心。

　　"茶密禅文化系列丛书"除了已经出版的《茶密禅心》外，将陆续展开我对于"中国禅"在饮食、疾病、艺术、禅茶、情绪、爱情、睡眠、教育、宜居、服装、禅定等生活禅在各方面的独特观点和方法介绍。"中国禅"虽然和其他佛教宗派相似，以禅定入门，以达到般若智慧解脱证道为目的，但它更生活化、平实化，更注重当下的力量，尤其注重不离世间而证道解脱。

　　禅师们会用各种独特的善巧方便之法，无论棒喝也好，大白话也罢，匪夷所思，疯疯癫癫的目的无非破除人的执着、妄想、知见，让人自见光明本性，拨云见日，晴空万里。"中国禅"的根本精神不是让人离尘遁世，逃避生死，自身成仙，而是在滚滚红尘升华生死，出世自在，入世逍遥，在人世间普度众生，离苦得乐，超越凡夫，不为外界的情、物、欲、权、法、相所迷所困所累所牵。

所以"中国禅"不是风花雪月，也无章可循，禅法完全是"存乎一念，用乎一心"，师者根据不同根器之人运用不同相应之法，"因人而异，因材施教"。

"禅"本意不立文字，讲究心心相印，性性相契，但由于现代人和古人不同，从小思想复杂，又长期受西方教育熏陶，相信科学、实验，越来越不相信看不见、摸不着的玄妙，又有些居心叵测之人，利用玄妙，装神弄鬼，迷惑大众，中饱私囊。故，笔者试图将禅在生活中各个方面的理解、认知细细道来，正如老子圣人所言："道可道，非常道"，禅之玄妙一经解释，笔者无论怎样叙述的"禅"，其实已非"禅"了，可能就只能将部分禅理、禅法、禅诗、禅医、禅相等用文字表述，但聊胜于无吧，真正的禅心和禅境需要实修者自己体会，因缘和合参悟才可得。

决定写"茶密禅文化系列丛书"是因为禅的禅学、

禅修、禅境三部分很难混合，单纯性的禅理学术文章或禅定、打坐、修炼等专著难以惠及大众。"中国禅"的非凡在于他时时刻刻不离生活，在烦乱的社会环境中保持一心，了无一事，"行凡夫事，发菩提心"，"无心于事，无事于心"，达到这种境界，纵使他叫什么名称，位居什么职位，犹如庄子所说或牛或马一任人呼，又有何不可？又有何分别呢？笔者故而将此三部分用文学的方式融会贯通，用故事的方式生动表达，希望更多喜爱中国传统文化的读者可以思考，理解，受益，就是此套丛书的意义与内涵。

"中国禅"思想从魏晋南北朝罗什师、达摩师、傅大士等祖师，大觉者奠基，经慧能禅师创始禅宗，道一禅师大事弘开，怀海禅师规范丛林，形成了新鲜活泼的禅风，当下立断的禅悟，平凡朴实的禅语的中国特色禅。可惜的是现代人一提到"禅"，忽略了"禅"的核心是般若智慧，脑海里自然产生的图画是寺庙，烧香，法会，打坐，更有甚者居然以为"禅"是茶艺，SPA，插花…让人痛心不已。"中国禅"当下立断，只破不立，佛魔俱遣，心心相印。古时禅宗大德，哪一位不是顶天立地、从容生死、出入自在、慈悲智慧的大丈夫？

中国传统文化，第一阶段：三代前后，伏羲画八卦创立《易经》开始，经夏、商、周的发展，以原始、质朴的特色，形成易、礼为中心的思想。第二阶段：在战国春秋时期，诸子百家，百花齐放，百家争鸣，互为异同，逐渐形成儒、道、墨三家并举，称为"显学"。第三阶段：经历魏晋南北朝的演变，儒、释、道三家鼎驰，互为兴衰，故此中国传统文化，三教互不可分割，你中有我，我中有你，不可偏举。中国文化的特色，是文史不分，文哲不分，所以讲中国文化，就无法独立偏重哪一点。纵横交错，追本溯源，才可以不以偏概全。

盛唐时期是中国文化的顶峰，中西文化交融，国都朝野市集中各种思想、文化、语言交集，大国风采在于文化泽被天下，引百鸟朝凤，百川归海，经济独立，富国强民。文化的力量犹如春雨一般，"随风潜入夜，润物细无声"，不知不觉中改变现实社会的道德取向、价值观、人心。禅文化在盛唐之所以被广泛接受，慧能禅师创立的"禅宗"不是凭借帝王政治力量的推动，而是由民间社会自然发展认可，是因为"中国禅"不神秘，不迷信，无论士大夫还是老百姓，也无论男女老幼，有文化没文化，众生平等，当下悟了便悟了。

"中国禅"顿悟法门的意义在于人的本性犹如太阳，光芒万丈，但被乌云遮挡，不见阳光，如果在刹

那间吹散乌云，人就可以看见自己清净的本来面目，这就是"禅"的契机，但顿悟的意思不是一次悟了便结束了，就证道了不用修了。如何时刻保持那刹那间的光明？保持生活中时刻发菩提心？是需要修持的，当年道一禅师在悟道前经过了多年的坐禅基础，禅定功夫了得，可就是不悟道，后经南岳怀让禅师一番"打牛打车"的教育后彻悟，悟道后他继续在师父身边随侍9年，都是不断修证，学习的过程（参见《茶密禅心》马祖篇）。

《茶密禅心》作为此套丛书的开篇，禅心是在生活中保持的一心不乱，了了分明，如如不动，是禅者的境界，活在当下，三心不得，《茶密禅心》将"中国禅"的源头、发展和本质娓娓道来。

2013年3月13日

本书序

从第二本《禅者的秘密·饮食》开始，我们进入中国独特禅文化的细节阐述。古话说："民以食为天""食色性也"，饮食文化在中国社会一直处于极其重要的地位，没有哪个国家、哪个民族比中国人更重视饮食，去年央视《舌尖上的中国》系列节目倍受追捧，关于饮食文化，饮食养生，饮食搭配的书籍，音像更是层出不穷，饮食是国人永远不变的津津乐道话题。

众所周知，中华饮食文化博大精深，得益于悠久的历史，中国人的一日三餐，不仅是解渴充饥，还蕴含着中国人认识事物、理解事物的哲理以及和健康、养生密不可分。6000年前神农氏尝遍百草，播种五谷，2200多年前西汉时期就已经有了近百种的蔬菜，胡萝卜、黄瓜、菠菜、芹菜等，至今还是我们家庭中必不可少的菜肴，唐宋时期国力强盛，饮食文化更是精细讲究。饮食与人的生活息息相关，近些年饮食更赋予了开拓社交、加强沟通、商业交际等更多的意义和内容。

但我们遗憾地发现：现代的饮食文化已经背离传统中国饮食文化的精妙，严重变味。

一、现代爱好大吃大喝的饮食文化源于现代人不安心，怕静，怕孤独，怕一个人待着，一个人时心慌意乱，所以喜欢聚会，而聚会又不像古人一般，清静自然，思想交流，以诗会友，以茶待客。现代人每一次聚会普遍都是大吃大喝，一醉方休，一方面山珍海味，吃得肚皮滚圆，影响脾胃消化代谢，一方面美其名曰喝酒是增进感情，不放倒自己不放倒对方不算真诚热烈，不算是兄弟，试问这种普遍被现代人接受的以伤害身体为代价得到的所谓友情、生意真的是中国传统文化吗？这种饮食文化真的是中国传统饮食文化精要吗？古人修身养性，陶冶情操，故不会依赖聚会、社交让自己麻木，忙碌，更不会用强吃海喝来表达感情，"君子之交淡如水"，尊重对方的最好方式就是不要强人所难，除了"己所不欲勿施于人"外，"己所欲也要勿施于人"，尊重对方的习惯与选择，才是长久相处之道。

二、现代人其实不会吃，不懂吃，吃得太多，太细，太杂，太乱，病从口入，吃出了一身毛病。生了病又不懂调理，好像每个人都是医生，有了毛病自己就可以去药店自己买药，平时看了几本养生的书，中医的书，断章取义，自己要么开始乱吃补品，乱调理搭配营养，结果越吃越糊涂。世上万物，皆有阴阳相生相克的道理，同样的东西，不同体质、不同情绪、不同时间、不同性别、不同年龄、不同环境的人吃下去效果不同，你的宝贝可能是他的毒药，因为无知，所以我们往往自我伤害而不知，伤害亲人而不知。

那么禅饮食这本书在说些什么呢？禅者对日常饮食的观点，对于戒律又是什么态度？禅者对于开戒、持戒、破戒的认识如何？对于饮食法养生，禅者的观点如何？我们会在这本书里借用赵州禅师的视角来展开我们的论述，这些论述没有答案，每个人都有不同的认知，自己去体会感悟吧。如果可以让您掩卷之时若有所思，重新思考对于饮食、养生、生命的理解，笔者便会感到欣慰了。

首先，这不是一本营养类书籍。

其次，这不是一本养生类书籍。

再次，这不是一本中医类书籍。

最后，这不是一本指导类书籍。

请君平心静气，不慌不忙地从容体会此书想要表达的关于禅者对于饮食的观点。本书情节虚构，请勿对号入座。

感恩茶密禅文化智慧导师楼宇烈先生。
感恩恩师静岩博士为本书绘制的禅画。
感恩振滔老师。
感恩华杉老师、灵源老师。
感恩毛励铭老师为本书各章节画的插图。
感恩文汇出版社各个部门的积极配合。
感恩灵和老师、灵一老师。
感恩茶密修养各位老师！
感恩所有关注和支持本书的各位大善知识！

前言 本书序

公元778年。

这一年，唐玄宗李隆基长孙、唐肃宗李亨长子、唐朝第八位皇帝唐代宗李豫五十二岁，在位第十七年。

这一年，虽距离八年安史之乱结束已有十五年之久，大唐帝国由极盛转向渐衰。

这一年，唐中央政府与回纥、吐蕃连年征战，双方耗费巨大。

这一年，屡建功勋的大帅郭子仪单骑说和回纥，大破吐蕃，唐王朝又一次转危为安。其子郭暧娶了唐代宗的女儿升平公主为妻。

这一年，代宗更加信任佛教，宣旨："有寇至则令僧讲《仁王经》以禳之，寇去则厚加赏赐"，宰相元载、王缙、杜鸿渐三人都信佛，以王缙尤甚。佛教宗派林立，寺院宝相庄严，各宗门多占有田地，"造金阁寺于五台山，铸铜涂金为瓦，所费巨亿"。

这一年，陇右节度使朱泚献猫鼠同乳不相害者以为瑞，百官称贺。中书舍人崔甫独不贺，曰："物反常为妖。猫捕鼠，乃其职也，今同乳，妖也。何乃贺为！宜戒法吏之不察奸、边吏之不御寇者，以承天意。"代宗嘉之。

这一年，大帅郭子仪错杀栋梁张昙。代宗身体状况每况愈下，他自己还不知，离他殡天只剩下一年了。大唐帝国山河日下。

这一年，山东青州临缁一户农家诞生了一个微不足道的婴儿。谁也不会想到，这个婴儿的名气日后超过了皇帝，一千多年后仍被人高山仰止，尊崇备至，此人便是禅宗史上一位震烁古今的大师——赵州从谂禅师。

雍正十一年癸丑五月望日，雍正帝亲书圆证直指真际赵州谂禅师语录御制序：

"夫达摩西来，九年面壁，无多言句，而能直指人心，见性成佛，首开震旦之宗风。后人演唱提持，照用权实，鸣涂毒鼓，挥太阿锋，于言象不该之表，形名未兆之先，机如电掣雷奔，谈似河流海注。青莲花纷飘舌本，大狮子吼断十方，穿透百千诸佛耳根，矗跳三十三天空外。究其所归，不过铺荆列棘，遍地生枝，甘草黄莲，自心甘苦耳。然则自利利他，固不在于多言欤。

赵州谂禅师，圆证无生法忍，以本分事接人。龙门之桐，高百尺而无枝，朕阅其言句，真所谓皮肤剥落尽，独见一真实者，诚达摩之所护念。狮乳一滴，足迸散千斛驴乳，但禅师垂示，如五色珠，若小知浅见，会于言表，则辜负古佛之慈悲，落草之婆心也。观师信手拈来，信口说出，皆令十方智者一时直入如来地，可谓壁立万仞，月印千江。如赵州之接人，诚为直指人心，见性成佛之古佛云。爰录其精粹者着于篇，以示后学，俾知真宗轨范，如是如是尔。"

目 录

一

公元827年，夏至。一捧鲜绿清香的茶叶在手，手的后方是从谂禅师凝神静气的双眼，眼神似笑非笑，似开似闭，定睛凝视着左手平托在前方嘴角一般高的清茶，浑然忘我，天地无存。过了许久，谂禅师转腰，将端放在膝盖上的右手缓缓抬起向身后延展，手肘微曲，手结莲花印，左手托茶，右手结印，好似观音大士持甘露一般。

二

顺着谂禅师的眼睛，掠过清香的茶叶望出去，江南的夏季，槐柳成荫雨洗尘，雾日丛林有晚莺，一切那么安静和谐，老树懒懒地伸展着枝杈，向上汲取着阳光雨露。此时正是上午十点多钟，阳光洒满树林，洒满谂禅师端坐的大木台，洒满大木台前方碧绿的小池塘，池水清澈如镜，水底游来游去的小鱼、杂草和满池盛开的莲花，充盈这醇酣的时光。

突然吹来一阵微风，身后的老松树便"沙沙"地开始低音鸣唱。接着高亢的蝉声加入进来，"知了、知了"中奏响了夏的乐章，树上的鸟音此起彼伏，婉转悠扬，让这单调的"沙沙"和"知了"声变得丰富动听起来，草丛里的蟋蟀也不甘寂寞地开始伴奏了："瞿瞿，瞿瞿……"不远处的塘坝里，间隔几步蹦出一只青蛙，有了蛙声的和鸣，夏的灵音更加完美和谐。

小荷才露尖尖角，早有蜻蜓立上头，夏景遽如许，先从草木知。池塘在阳光直射下，有淡淡水气上升，飘动着池塘的清新，伴随着松树的沉沉松香，栀子花甜甜的清香，以及槐花与荷花的幽芬，这时池塘边的白杨、垂柳，不远处的丁香、海棠，也仿佛全从酷暑的困倦中醒了过来，不知不觉地散发着各自独特的香氛，混入这自然中。

谂禅师手中的茶也同时苏醒过来，茶香中夹带着泥土和青草的芬芳，混合着自然中各种清甜的味道，这绝无仅有的

3

茶气直入口鼻，沁入心脾，引舌下甘露纷呈，源源不绝。

清风在绿叶花丛间簌簌流动，弥漫的天香地气浑然一体，一即一切，一切即一，纯然感受此时此刻质朴原始的自然带来的惬意和宁静。若化为清风，便将历经寒冬的大地轻轻吹绿，便给酷暑带来清凉，便携一片落叶同行，便同那纯洁的雪花轻舞飞扬……

谂禅师沐浴在夏天早晨的阳光下采天地灵气，此时身心已与天地合一，他面带微笑，满心欢喜，如如不动一个时辰进入定境，定中禅师体内阳气发动，呼吸均匀缓慢，神色恬静。

当阳光缓缓爬至头顶，午时将至，谂禅师放下身后侧举的右手，他身子正前方燃烧着一个的炭炉，炭炉上方有一个大铁壶，水已开了许久，水汽腾腾，禅师将左手端着的那一捧茶叶放进铁壶中，双手虚空结抱球状，好似冬天围着火炉烤火一般。茶气袅袅从壶口飘出，好似一缕一缕的茶气有眼睛似的，自动钻进禅师的鼻中。

三

世人普遍以为只有多吃才有营养，对于动物而言，饮食是一种本能，但对于万物之灵的人，饮食就不仅是饱肚这么简单了。

中国传统文化中，儒家思想对饮食的观点在《论语》、

《孟子》里都有论述，包括"养心莫善于寡欲""君子食无求饱，居无求安""贤哉，回也！一箪食，一瓢饮，在陋巷，人不堪其忧，回也不改其乐"，这些论述表明了儒生的饮食观是节欲的有控制的。

道家饮食文化中讲求"天人合一"，道医孙思邈认为"不知食宜者，不足以生存"，强调"知食宜"，就是要顺应适宜的气候、适宜的环境、适宜的体质、适宜的时间、适宜的配伍等等，顺应自然，遵循规律，这种"天人合一"的饮食观与中医食疗观点是一致的。

老子、庄子主张无为清净，《道德经》："人法地，地法天，天法道，道法自然。""淡然无为，神气自满，以此为不死之药。""五色令人目盲；五味令人口爽；驰骋畋猎令人心发狂；难得之货，令人行妨。是以圣人为腹不为目，故去彼取此。"这些观点都表明了饮食顺乎自然，便可果腹、怡神、养气、延寿。庄子更进一步强调内在的修炼、去知、忘我。"吹响呼吸，吐故纳新，熊经鸟申，为寿而已。"所谓"食为行道，不为益身"。

佛家的饮食观更为独特，佛陀为沙弥说十数法，第一句即："一切众生皆依食住。"住有生存、安住之义，也就是说，一切众生必需依食而得生存。佛法中特有地将一切有益于人、能令人生起执著、意乐的对象皆名为"食"。将食从欲望、摄取、执着的角度分为四种"食"：

1.段食：人体对食物营养及色香味的生理需求而进行的摄取行为，由于饮食有粗细不同，即为段食。

2.触食：以眼、耳、鼻、舌、身、意六根去接触色、声、香、味、触、法六尘，由于根境识结合而生起欲乐，即为触食。

3.思食：即各种思虑、思考、意欲，使意识活动得以进行，即为思食。

4.识食：与爱欲相应，执着身心为我的潜意识活动，即为识食。

这四种食一个比一个精妙、精细，后三种食属于精神范畴。佛法通过这种划分，将"食"的概念扩展到精神领域，认为一切能满足人的物质需要和精神需求的东西都可称为食，它直接影响有情众生的生命质量，关系着生命的各个方面。《俱舍论疏》卷第十说："寒遇日光，即值炎火，热逢树影，并得风凉。有益于人，皆名为食。"

由于世人不懂进食的道理，错以为营养都是吃才能得到，吃的时候放纵快乐，也认为是获得健康、补充营养的重要方式，故此多吃，瞎吃，满足了口腔搞坏了脾胃，病从口入，一方面吃进去了大量不和谐的食物，增加脏腑负担，使脏腑长期处于劳累状态，一方面现代食物许多都是反季节、反地域，并且不是天然生长，吃得多不但不利健康，反而引发各种莫名的疾病。

谂禅师在自然中与天地合一，汲取天地灵性，他喫茶不只是为了茶水的营养，更通过喫茶的方式得到与自然的和谐，充分得到茶气、天气、地气、草气、花气、树气等各种自然之气

的养分，阴阳平衡，生命越精妙，越可以从天地自然间得到灵气，而非依靠吃。所谓"精满不思淫、气满不思食、神满不思眠"，人有三宝：精、气、神。一个人精不足，则乏气，神也自然提不起来，此谓"精神"，强大精神的能量不是依靠吃可以得到的，有信念、信心、愿力、意志的人，精神焕发，神采飞扬，故精神是带动身体的主要动力，故吃得越多越昏沉，没有精神的能量，食物中的营养也吸收不完全。

　　《大戴礼记·易本命》说："食肉者勇敢而悍，食谷者智慧而巧，食气者神明而寿，不食者不死而神。"普通人做不到像禅师一样食气养神，但至少可以做到少食。

茶密小讲堂（一）

禅者的秘密
禅密

1. 夏季打坐时常遇到的问题—及对症方法

坐禅者以及喜爱打坐，或因工作关系长期久坐的人，在炎热的夏季坐的时间长了，有些人大腿内侧、会阴部位出现红斑、瘙痒、湿疹；有些人臀部色素沉着，循环不好；有些女性在夏季容易出现白带增多、粘稠，男性则可能发生尿频、前列腺炎等症状；还有些人在夏季出现膀胱炎、性冷淡、体味重等症状，下面我们介绍茶密夏季调理小秘诀来对治这些因为久坐导致的循环、代谢缓慢，以及帮助排除下腹部（海底轮、脐轮）部位湿寒引起的泌尿、生殖系统问题。"夏者，天之德也"。夏季是阳气最盛的季节，气候炎热而生机旺盛。阳气外发，伏阴在内。

茶密小秘诀：

用具：两个大茶杯，半发酵铁观音5克，大木盆一个，开水壶，矿泉水两瓶，干毛巾一条。

女性：

1.先往大茶杯内放入茶叶，及注入2/3开水，然后对着面部茶熏3分钟，使面部热气循环，面部和脑部细胞苏醒。

2.然后将茶叶水一半倒进旁边的空杯中，剩下的茶水及全部茶叶倒进大木盆中，注入开水及冷水，约大半盆水，将水温调至温热，理想温度在50度左右。

3.然后褪去内裤坐在木盆上继续茶熏会阴部3分钟。使会阴部的细胞苏醒过来。

4.用手浸入热水中，然后开始用手撩水拍打会阴、肛门、大腿内侧、耻骨及腹股沟部位，使之发热。10-15分钟。

5.再加一些热水，然后用毛巾放入热水中，再拧干，用湿毛巾捂住大腿内侧及会阴部位，趁热喝完杯中另一半茶水后放松躺下（注意身上要覆盖毛毯，勿受寒气）。

6.感受热气通过肛门、阴部在下腹循环，闭目调息，缓慢的腹式呼吸10分钟后，穿上干净宽松衣服。

男性

1.先往大茶杯内放入茶叶，及注入2/3开水，然后对着面部茶熏3分钟，使面部热气循环，面部和脑部细胞苏醒。

2.然后将茶叶水一半倒进旁边的空杯中，剩下的茶水及全部茶叶倒进大木盆中，注入冷水或冰块，约大半盆水，将水温调至冰冷。

3.用手浸入冰水中，然后开始用手撩水拍打会阴、肛门、大腿内侧、耻骨及腹股沟部位，感觉从冰冷到发热。10-15分钟。

4.然后用毛巾放入冰水中，再拧干，用冰湿毛巾捂住大腿内侧及会阴部位，趁热喝完杯中另一半茶水后放松躺下（注意身上要覆盖毛毯，勿受寒气）。

5.感受冰气通过肛门、阴部在下腹循环，由冷变热的过程，闭目调息，缓慢的腹式呼吸10分钟后，穿上干净宽松衣服。

夏季染病，有"六月债，还得快"之说。当季调理，容易恢复。

2. 夏季打坐时常遇到的问题二及对症方法

坐禅，打坐，久坐的人在夏季除了下盘循环缓慢、热症之外，还有不少人容易引发胸闷、气急、气短、呼吸困难，即便平时心肺功能正常的人在炎热的天气里没有放松心情，也可能会出现呼吸浅短，急促，感觉透不过气来。

夏防伤暑，防暑湿，散闷浊之气，在阳气炽盛时，忌动主养。夏为天地交泰，万物华实之时。"春生、夏长、秋收、冬藏"是自然的规律。生命需要"应天顺时"。此时如吹空调、喝冷饮最容易使寒气聚集体内，引起热感冒、呼吸系统问题。

茶密小秘诀：

工具：大茶杯两个，绿茶，开水壶，矿泉水

作法：

1. 先烧开水，在等待水开的时间内，先盘腿反复做腹式呼吸。鼻子吸气时扩胸腹，舌抵上腭，嘴唇放松，呼气时慢慢用嘴吐气，收胸腹。吸气和吐气的时间比例是：1:2。

2. 水开后用放入茶叶，注入2/3开水，用大杯茶熏3分钟。

3. 茶熏后将茶水倒至空杯中，留剩下的茶叶。

4. 茶水中兑入冷矿泉水，喝一口茶，不要马上咽下，在口中停留几秒，用舌头在口中顺时针转三次、逆时针转三次后咽下茶水，如此反复，直至喝完茶水。

5. 盖上毛毯，平躺放松休息10分钟。

　　如平时有胃病、胃寒、腹泻症状的人，用此法可以将绿茶量减半，茶水不易太浓。

　　夏季饮食方面，注意清淡为主，《道经》云："竹笋，乃日华之胎也。服日月之精华者，得以常食竹笋。"唐代著名食医学家孟诜曰："藕，乃神仙之食，功不可说。"《黄帝内经》中对应炎热的夏季的要诀是："夜卧早起，无厌于日，使志无怒，使华英成秀，使气得泄。"

第二章

淡如秋水静中味 争似春风处处闲

一

这一年是公元827年的秋天，丁未年；唐宝历三年，大和元年；南诏保和四年；吐蕃彝泰十三年；渤海国建兴九年。

谂禅师四十九岁，他自幼孤介不群，厌于世乐，自离开恩师南泉普愿禅师后，四处行脚已近十年，不决所止，往来东西。

那一日行至会稽郊区，突见一山，一水，一寺，一僧，谂禅师不觉心生欢喜，于是便住下，与寺中老僧参禅对饮，每日晨起在寺后芦苇丛生的溪中泛舟悟道，算算已经百日，时间已从盛夏转至深秋。

寺院门外有诸多桂花树，桂花是江南常见的树种，秋天开花时香味也最为浓郁，禅师们每日喝茶时总能闻到它氤氲的香气，若隐若现。寺外的桂花品种齐全，有金桂、银桂、丹桂、四季桂等，其中不乏百年树龄的老桂花树，苍劲挺拔，风姿绰约，清香四溢，沁人心脾。小山坡上这些深秋花繁叶茂的老桂树，虬枝横陈，姿态各异，浓阴蔽日，一层一层树畦梯田似的向上铺展，围畦的石头苍苔斑驳。夜晚在明月清风下闻鸣虫的歌唱，"影随朝日远，香逐便风来"。

二

"师父，时间到了！您可以上船了。"

"好的，马上过来。"

一声清脆的童音从院外传来，谂禅师笑着起身，向老僧告别，迈步走向寺外，准备上船去吃一天的餐饭。

早已候在船上的小童名真秀，是百日前谂禅师刚到会稽时路上遇到的小乞丐。

会稽的集市很热闹，谂禅师来到集市时正是中午，艳阳高照，一个小乞丐蜷缩在一棵大树下，面色苍白，依稀可见眉眼清秀，看到禅师走过，他的眼睛望着禅师，满眼渴望。

谂禅师低下身子，慈悲地看着这个柔弱的小身体，轻轻地问他："孩子，你几天没吃饭了？"小乞丐的眼里闪动着泪光，看着禅师，半天说："大和尚，我饿，想吃东西。"

禅师从背囊里拿出刚刚乞食来的一个大馒头递过去，小乞丐眼睛发光，一下子伸手拿过去，狼吞虎咽起来。禅师解开身边的水囊，递给他。

他边吃边喝，一瞬间就吃完了。

"孩子，你叫什么名字？"

"我叫铁蛋。"

"父母何在？"

"大和尚，我生下来就没见过爸爸，一年前妈妈也死了，呜呜，我就自己要饭自己活。"

"你今年几岁了？"

"九岁。"

"大和尚，你长的像庙里的菩萨，你带我走吧，我会给你洗衣服，背包的。我很听话，吃得也不多，我想跟着你。"孩子哭着跪在地上，边磕头边哀求道。禅师笑着扶起他来，说："好好，我们师徒有缘，今天开始，你就叫真秀，我们一起云水行脚吧。"

小真秀跟随禅师没几天，就恢复了童真和红润的脸色，他在寺院里，每天早上寅时起来早课，学习诵经，打坐，上午给禅师和老僧泡茶，每天快乐得像只小鸟，睡觉都会笑出来。

今天清晨和往常一样，露珠盈盈，远方的天空不时还缭绕着羞答答的薄雾；秋风吹拂，寺院后面小溪旁的芦苇枝儿飞扬起来，真秀和往常一样，早课结束后就提个木桶出来在草上、花丛、树叶上采集露水，用清晨的露水煮茶是师父的最爱。

三

"采莲南塘秋，莲花过人头；低头弄莲子，莲子清如水"。寺外的小溪水碧绿清澈，溪底的石头清晰可见，小溪不远处有一个碧绿的镜湖，湖中满是莲蓬，真秀每天划着竹筏和师父一起来湖中吃餐饭。竹筏上毫无遮拦，水从竹缝间冒出来，上面放着一张小竹椅。见师父踏上竹筏，真秀便将筏慢慢划动起来。如溪边随风的芦苇一般轻摇，竹筏顺流而下。两边的芦苇迎风飘摇，鱼儿在飘舞的水草间捉迷藏，几只野鸭在戏水，有一只大概是玩累了，正把头藏在翅膀下休息，像极了娇态含羞的睡美人；另一只在它身边守着，一忽儿温柔地看着它，一忽儿机警地四处张望。

"虹销雨霁，彩彻区明。落霞与孤鹜齐飞，秋水共长天一色。渔舟唱晚，响穷彭蠡之滨；雁阵惊寒，声断衡阳之浦"。竹筏继续漂流着，转眼荡至湖中，已近午时，太阳明晃晃地挂在头顶，禅师闭目在椅子上结跏趺坐，双手掌心向上，一丝阳光正射在双手劳宫穴。

片刻，禅师睁眼，双手转至合掌，向天空感恩。感恩毕，一拍掌，真秀笑着放下撑船的竹竿，俯身拿出饮食袋，从袋子里拿出一根大白萝卜，交予禅师。

我们现代人认为白萝卜是冬天的蔬菜，现代医学已经证实生吃白萝卜可诱生人体干扰素，对癌症有抑制作用，萝卜中含有的辣味成分可抑制细胞的异常分裂，预防癌症，萝卜还有杀菌、增进食欲和抑制血小板凝集等作用。萝卜中含有的大量膳食纤维和丰富的淀粉分解酶等消化酶，能够有效促进食物的消化和吸收。除此之外，萝卜还含有大量维生素C，尤其是萝卜皮中的维生素C含量是萝卜芯的两倍。

一般情况下，新鲜萝卜的辣味成分会比老萝卜更多，辣味会随着生长过程不断减少，萝卜能助消化，生津开胃，润肺化痰，祛风涤热，平喘止咳，顺气消食，御风寒，养血润肤，百病皆宜。尤其是现代人常见的气管炎、浓痰、胃脘腹胀、腹泻、痢疾、便秘等。

萝卜缨又叫萝卜叶、菜菔叶，性平味辛苦，青绿色，也是普通农家的重要菜蔬，只是城里人较少见到，也较少购买。萝卜缨有消食、理气、通乳的功能。萝卜叶中含有比萝卜中更多的维生素C及大量维生素A，另外还含有维生素B1、B2、钙、

禅者的秘密

钠、磷和铁等成分。

我们的谂禅师不知道这么多关于萝卜的道理，他也不需要知道这些，自从出家这些年来，他秋天的主要餐食就是每天一根大白萝卜，至于那些道理都是笔者自作多情画蛇添足加进来的。

话说禅师拿起大萝卜，真秀欢喜地拿出他最爱的大馒头，各自欢喜地吃将起来。

禅师吃萝卜与我们现代人不同，他右手拿住大萝卜的前方，左手掰开一片萝卜叶放进嘴里，从叶子上方开始慢慢地嚼起来，吃完一片叶子，然后开始从萝卜头下嘴咬一口萝卜，细嚼慢咽，吃完萝卜，又掰一片叶子，叶子嚼完，再咬一口萝卜，如此反复，叶子、萝卜交替慢慢地吃，真秀刚跟随禅师时，看见这种吃法，感觉十分好奇，一天一个大萝卜，怎不饿死啊？呵呵，现在见多不怪，真秀心中只有他的雪白大馒头才是人间至味。

此时，船自由地飘在湖面，风吹船摇，风平浪静，几只小水鸟懒懒地躲在水草里，湖不远处有几户人家，身穿蓝底白花布衣布裙的村女在湖边洗衣边唱小曲，婉转动听，和着碧水蓝天，歌声忽远忽近，听得见几个孩子在水边玩耍，欢笑声飘荡四周，此处莫不是就是"桃花源"？

茶密小讲堂（二）

1.秋季食欲旺盛，下肢水肿，肥胖，气血不通对身体造成的影响及对症方法

度过了炎热的夏季，我们进入秋高气爽、天高云淡的金秋。暑气一消，身体自然恢复了食欲，人往往在不知不觉中增加了饮食量，加之身体的排泄较之夏季要少，脂肪容易囤积。

初秋湿和热，中秋干和燥，晚秋凉和寒，身体要不断适应这些气温，湿度的变化，稍不注意，即容易产生风、寒、暑、湿、燥、火等外邪，感冒伤风，腰酸背痛，由于秋天出汗也会比夏季减少，排尿量增加，肾脏的负担也会变重，身体易发冷，引发各种代谢缓慢，水肿，气血不畅。

茶密小秘诀：

1.如发生上述症状，可以采取一周一天断食疗法。平时饮食清淡，多喝粥，汤，茶水。秋季相应的蔬菜有：

南瓜：味甘，性温，温暖身体，补养脾脏及胃之元气，且润肺及利尿。

百合：味甘，性平，温肺、镇咳、静心、促进大小便的排泄。

蕺菜：富有高度的利尿、利湿效果，并有清热、排脓等解毒作用。

25

2.快吃和慢吃身体吸收不同

秋天干燥，少吃肉，多饮茶。多吃蔬果，少食慢食。

养成细嚼慢咽的习惯人自然会减重，大脑在20分钟后会有饱的感觉,吃得快的人大脑来不及反应自然就吃多了。

充分享受食物，狼吞虎咽的吃法很难享受到吃的乐趣。吃本来是一件快乐的事情，不应该变成匆匆忙忙要解决的事情。

.快吃和慢吃身体吸收不同，慢吃容易排泄，快吃容易形成体内垃圾。慢吃有助于消化，食物被充分咀嚼后会减少消化系统的疾病。

《传灯录》中有一则著名的故事。源律师问大珠慧海禅师：

"和尚修道，还用功吗？"

大珠慧海禅师回答："用功。"

问："如何用功？"

答："饥来吃饭，困来眠。"

源律师不解，问："所有人都是这样，他们跟你的用功不是一样吗？"

答："不一样。他们吃饭时不肯好好吃饭，百种思绪；睡时不肯睡，千般计较。所以不一样。"

细嚼慢咽并专心吃饭时保持一心不乱本身就是"生活禅"。

改变快节奏的生活方式，现代人压力太大，生活方式混乱，作息时间混乱。这样的生活方式是现代人疾病的主要根源，古时的人他们不着急，他们不用学习那么多用不着的知识，不用天天想着事业发展，交际应酬，他们可以潜心于自己修身养性，陶冶情操的世界，浸渍在前人思想长河中，时间对于他们来说是缓慢的，他们的学习简单而单调，他们的饮食缓慢而精细，他们绝对不吃快餐，他们的骨子里充实着自信的力量。正是如此，他们的思想入木三分，直指人心，哀而不伤，乐而不淫，为得一字，捻断茎须。

秋季禅修打坐时容易情绪异常，引发秋燥，口臭、风火牙痛、胃热牙痛，或看窗外落叶感觉人生无常，肺热肝火胃火上升，有时修者会饮酒，更加影响情绪、消化。

茶密小秘诀：

秋季情绪变化，平时爱饮酒的修者会更加喜欢喝酒，参加团体禅修的人，须服从各个团体的指导和要求。自己在家里修的人，如果为了御寒、湿可以在饭前或睡觉前喝一小杯，适度是不影响禅修的。

禅修者达到一定禅定功夫时，会发现自己酒量加大了，例如原来喝半斤白酒就会醉，但禅定功夫增加后，喝一斤也没有感觉。这时候千万要记住，如果毫不节制地喝酒，禅定功夫越强越像喝水一样的喝酒，开怀畅饮，那么很有可能某一天生莫名其妙的大病而无药可医。禅定功夫越高的修者，越需要节制，不要被现象所迷惑而追悔不及。

有时候坐禅进入一定境界时，各种感觉很奇怪，说之不了。千万不要去执著它，便不碍你。所谓"见怪不怪，其怪自败"。即便看见妖魔鬼怪，仙乐四起，也不要管他，就是见到观音菩萨现身，也不要欢喜。《楞严经》所谓："不作圣心，名善境界；若作圣解，即受群邪。"

茶疗静心法：

介绍六款适合秋季茶熏和饮用的茶疗，根据不同的需求选用不同的茶，饮用前如将这些茶水倒入碗中，用大毛巾蒙头先茶熏5分钟后再喝，效果更好。

1. 古法茶汤：提气，驱寒。具体做法是选取生姜、金桔、苏叶、大枣各15克，熟普洱5克，煮水10分钟饮用。每天喝2次，上下午各温服1次。

2. 萝卜茶：清肺热、化痰湿，用白萝卜一根、熟普洱5克，煮水15分钟后服用，每天2次。

3. 银耳茶：滋阴降火，润肺止咳，特别适用于阴虚咳嗽。选用银耳20克、绿茶5克、冰糖20克，先将银耳洗净加水与冰糖炖熟，再将茶叶泡5分钟后加入银耳汤里，搅拌均匀服用。

4. 桂花茶：防口臭、风火牙痛、胃热牙痛及龋齿牙痛等。可选用新鲜桂花3克、红茶1克，用沸水适量冲泡，盖闷10分钟后便可随时饮用。

5. 苦瓜茶：利尿消脂，可把苦瓜去瓤装入绿茶，挂在通风处阴干，饮用时切碎苦瓜后取10克用沸水冲泡即可。

6. 茄子茶：缓解气管炎。可把秋茄子的茎根洗净晒干后切碎，加入绿茶，用开水冲泡。

秋季修者爱喝浓茶，过度伤胃，引起胃脘胀气、手脚麻木、四肢抽搐的对症方法。

古时有些六七十岁的禅修者爱喝浓茶，他们把绿茶放在铁壶里烧十几分钟，倒出来时已经不是绿色了，而是浓浓的赭色，非常浓郁，平常人喝了可以迅速提神，口感也不错，但非常伤胃，有些人喝了可能几天都兴奋得睡不着。

为什么这些老修者不怕伤胃，爱喝浓茶呢？而且喝完又有精神，也不影响睡眠？这是因为他们长期禅修的结果，禅修的功夫可以转化浓茶的成分，瓦解浓茶对身体有害的成分，反而能帮助精神清晰，气血通畅，所以没有修到这种境界的禅修者为了避免打坐昏沉也跟着喝这些茶提神的话，极易伤胃。如果在一群人中，边高谈阔论或争论不休时过度饮茶，更伤神、气，妨碍静坐、修炼。

从脏腑的角度看，胃在脏腑处于中间位置，人每天所食用的所有食物经过胃的吸收消化起着一个供应身体营养的作用，人体五脏六腑、四肢百骸的营养均靠脾胃所受纳和运化的水谷之精微供给。另外，脾胃在中焦，脾主升，胃主降，是人体气机升降的枢纽，脾胃功能正常则清升浊降，气化正常，气血通畅，可保持机体阴阳、气血相对的平衡。

胃又为肾之关。关，主出入。胃，多气多血，为阳明，以温熏为主，寒则气滞血凝，生气郁闷会致胃寒，胃寒则肾寒，故养肾不在于吃补药而在于先养胃。胃和则肾水滋润，真阳疏布。今人不懂守关卡之妙，而一味求滋补，而不知滋补大多寒凉，先伤胃，破关后，损肾。故此，禅修功夫不到家万不可跟着老修者喝这些浓茶。

如为避免昏沉、上火需要饮食调和，除了上面介绍的六款茶汤外，秋季的蔬果中秋梨对于止咳、去燥有很好的疗效。多吃些萝卜、莲藕、荸荠等润肺生津、养阴清燥的食物。特别是梨有生津止渴、止咳化痰、清热降火、润肺去燥等功能，秋季更要尽量少食或不食辣椒、葱、姜、蒜、胡椒等燥热之品，不吃油炸、肥腻食物，以防加重秋燥症状。

第三章

止止不须说，我法妙难思

一

　　谂禅师面对门端坐茅棚正中，真秀在前方凝神将刚燃起的一支檀香木点燃插至香炉中，檀香木是谂禅师最喜爱的木材，独特的气味利于冥想，据玄奘法师《大唐西域记》记载，因为灵蛇喜欢盘踞在檀香树上，古印度人们常依此来寻找檀木。

　　时值初冬，门外寒意渐浓，真秀点完香后退至门旁。片刻，谂禅师打了一下云板，合掌后高声道："丁未年十月十五日巳时，禅门弟子从谂、真秀二人于庐山牯牛岭进入冬安居。"

话毕，再击一次云板。

"我二人为上证菩提，下度众生，勇猛精进，破惑证真，自我潜心，故在此安居潜修，菩萨保佑！"

说完，连击打三次云板。

真秀在门口对着谂禅师三拜。

"松雪无尘小院寒，闭门不似住长安，烦君想我看心坐，报道心空无可看。"

二

僧人安居潜修的源头因夏季而起，据《四分律》所载：

尔时，佛在舍卫国祇树给孤独园。时，六群比丘于一切时春夏冬人间游行。时，夏月天暴雨，水大涨，漂失衣钵、坐具、针筒，蹈杀生草木。时诸居士见，皆共讥嫌："沙门释子不知惭愧，蹈杀生草木。外自称言，我知正法。如是何有正法？……蹈杀生草木，断他命根。诸外道法尚三月安居。……至于虫鸟尚有巢窟止住处。"……世尊尔时以此因缘集比丘僧，以无数方便呵责六群比丘："汝所为非，非威仪，非净行，非沙门法，非随顺行，所不应为。云何六群比丘于一切时春夏冬人间游行，居士于草木有命根想，讥嫌故，令居士得罪。"告诸比丘："汝不应于一切时春夏冬人间游行。从今已去，听诸比丘三月夏安居。"

从这一段因缘可知，佛陀是随顺世间制定安居制度，使比丘们感觉到僧团确实需要安居法的摄受，安居指定居一处以修道，如此制定的安居制度为水到渠成。"形心摄静为安，要期在住为居"。

"冬安居"又叫"结冬"，是地道的中国禅特色，是仿照"夏安居"制度而设的，在此期间，禅寺集合江湖衲僧来寺院专修禅法，也称为"江湖会"。中国禅提倡"行亦禅，坐亦禅，默念动静体安然"的生活禅，禅师们对悟禅、谈禅、参禅极感兴趣，对佛教戒律则不那么用心，"呵佛咒祖"也以为常事。禅宗寺院逐渐对"结冬"更加重视。中国禅寺后来形成了在"结夏期"讲经学律，在"结冬期"坐禅的禅宗惯例。

但谂禅师等大修行者，往往不愿在寺庙与别人一起共修，他们喜欢自结安居地，只要固定场所，静住不移，按一定的时间，修一种法门，克期取证的，都可看成是在安居。安即安心，居即居住，安居二字把要期一处的处所规定及安心修道的目的都包含于中了。

三

一个月后，山中下了几场大雪。

这日清晨，真秀推开门，一眼望见树林里交错承载着被雪压得低垂下来不时打着寒颤的针叶树的枝头，一个银铺玉砌的世界引入眼帘，一阵清新而又有几分寒意的风儿涌来，调皮地

将枝头白色的粉末像烟雾似的抖落下来，雪尘飞到脸上，好不凉爽。

"师父，您别老坐着了，快出来看看！"

真秀欢快地喊着。

安居的这一月，师徒二人，每日一餐，过午不食，饭后会出门在岭上行走一个时辰，回来后，用茶熏身，打坐驱寒。日日如此。真秀才九岁，这是第一次安居，山上动物大多冬眠，平时除了偶尔可见个野兔跑过，什么声音也没有。破旧的茅棚挡不住寒风，谂禅师自然不怕冷，随时一打坐调息即通体发热，可小真秀却时时感觉饿寒交迫，为了驱寒，每天根据师父教导自己烧火茶熏，一感觉饿就喝茶，这样一个月下来，也就渐渐习惯了。

今天和往常一样，师徒二人吃完东西踏着覆盖满积雪的石阶缓缓而上，小真秀连蹦带跳地在前面走着，谂禅师跟在后面，顺着窄窄的石阶七拐八弯地向上蜿蜒而行，雪地里是一种初始般的寂静，除了前面真秀发出的声音，这里万籁寂静，山径上全无足迹，一片粉妆玉砌，被白雪妆扮的大树冷艳凄清，远处的山岭白茫茫的一片，与天空合为一体，一片空灵。

四

突然听到前方真秀一声惨叫，谂禅师忙上前看时，见小真秀蹦跳时从一块大石头中摔倒，腿脚被石头划破，鲜血淋漓。

"师父，呜呜，都是徒儿不好，跑得太快了。"

"真秀啊，孩子，下雪天石头太滑，要用脚尖先着地，来来来，师父先看看哪里受伤了……"

谂禅师低低声，轻柔地说道。

真秀看着师父，突然就感觉不到疼了，小真秀爱师父，怕师父，敬师父，师父就是师父，那么智慧，了不起，可现在的师父说话，神态哪里是往常的严师慈父？怎么看都像妈妈，"嘿嘿"，他忍不住笑了出来。

谂禅师扶起真秀，发现伤得不轻，已经不能走路了，于是把真秀背在背上，继续往山上走着，他们必须穿越牯牛岭的顶峰才能回到茅棚。

好久没有这么舒服了，在师父温暖的背脊上，小真秀幸福地睡着了，还做了一个甜蜜的梦，梦中他像婴儿一样睡在妈妈的怀里，妈妈慈祥的双眼，甜甜的笑容，梦着梦着，真秀打起了小呼噜，喃喃地喊着"妈妈，妈妈"，口水流在师父宽厚的肩膀上。

不一时行至顶峰，顶峰上有一个平台，像是古时隐士曾在此打拳，谂禅师将真秀放在一块背风的大石头下，让他坐好，又脱下自己的外套给他包起来，自己一跃身上到不远处的巨石上打坐调息。巨石下壁立千仞，临之目眩。

时间仿佛静止了，真秀背靠大石，侧身对着不远处的师父，心中还在回味刚才甜蜜的梦境，他不知道，身后有一双幽幽的眼睛在树丛中默默地注视着他。

五

古时山中多老虎，虎为百兽之王，视觉、嗅觉异常敏锐，喜欢夜间活动，在暗中它的目光炯炯，亮如车灯。捕食时博击迅猛，挟风雷之势，爆发速度举世无双，奔跑速度更是迅速，每小时可达80公里,老虎的飞奔，跳跃，慢动作潜行,伺机出击,一整套猎食技巧极富机智与节奏感。老虎古时称"於菟"，又称"山君"，具有王者风范，素有兽中之王的美誉，威猛大气，沉稳自尊，雍容华贵，令人生景仰之情，具有无可替代的震慑性。它生活于深山草莽之间，声吼如雷，风从而生，百兽震恐，是天命所命。

冬季山中没什么食物，这一只壮年虎已经饿了三天了，真秀摔跤出血，血腥味将它从洞中吸引过来，它一直悄悄跟着师徒两人来到山顶，潜伏在树丛中，虎视眈眈地看着幼小的真秀和巨石上打坐的谂禅师。

老虎是特别聪明、义气的动物。话说现在这只潜伏在树丛中看着真秀的老虎已经三天没进食了，它伏在树下，仔细观察眼前的景象，感觉到坐在巨石上的那人，气场强大，我要避开他。那个地上的小孩，身上有血腥味，应该叼走他作食物。

它悄悄地移动潜伏的位置，伺机腾身前扑，心中继续琢磨着：我前扑的方向应该选择在巨石那人的后面，这样叼起小孩就可以迅速离开。又等了一会，发现巨石上的人没有动静，看

禅者的秘密

来是睡着了，哈哈，那我就该行动了！

老虎"腾"地跃起半空，飞出一个美丽的弧线，直奔真秀而去，真秀还在回味美梦中，突然身后一声巨响，回头看时，只见半空中飞出一只斑斓猛虎，眼睛瞪圆了连喊都来不及喊不出来，说时迟那时快，那一边闭目养气的谂禅师连头都没有转一下，手臂微抬，将刚才登山时当拐杖用的树枝丢过来，正中老虎的前腿，看似轻飘飘的树枝在谂禅师手中如有千斤之力，一只几百斤的壮年老虎被一个小树枝打得跌下山坡。

真秀这一惊非小，他长这么大没见过老虎，这么大的虎从天而降，声吼如雷，风从而生，吓得他魂飞魄散，胆战心惊。他也从没看见师父在那里怎么发的功，怎么就一动不动，轻描淡写地就把大老虎打得滚下山坡，他怎么用脑袋想也想不明白，好像从妈妈的梦中还没醒来一般。

六

当天晚上，真秀就开始发高烧，摔跤受了寒气，遇虎受了惊吓，一夜胡话连篇，呼吸急促，谂禅师衣不解带陪着他。

次日清晨，谂禅师自己先结双盘坐好，将小真秀的背贴胸抱至怀中，也将他冰冷的小脚双盘起来，师徒二人双双坐定。

不一时，真秀便感到滚滚热流从下盘升起，再过一会，感觉胸部气浪汹涌，这热气最后上至头顶，从头顶正中冲出体

外。真秀很快就感觉灼热难忍的喉咙不痛了，忽冷忽热的感觉也消失了，身上无比轻松愉悦，他背贴着师父，软软的，暖暖的，像妈妈的怀抱一样温暖，真秀美美地闭着眼睛享受这难得的幸福，伴随着师父的体温，感受着热气在身体内的游走，一路冲开酸痛堵塞的痛点，仿佛可以听到体内血液奔腾的声音，他吞咽着舌下不断涌出的甜甜的口水，这一时，他幼小的心田里溢满着爱与被爱。

茶密小讲堂（三）

冬天打坐修炼的意义、可能遇到的问题及对症

冬季修炼时最容易进寒气，引发胃肠胀气，胃痛，腹部僵硬，消化不良，如果任脉进了寒气，不通畅，身体在打坐时很难保持平衡。

《黄帝内经·四气调神大论》认为："冬三月，此谓闭藏，水冰地坼，无扰乎阳，早卧晚起，必待日光，使志若伏若匿，若有私意，若已有得，去寒就湿，无泄皮肤，使气亟夺，此冬气之应，养藏之道也，逆之则伤肾，春为痿厥，奉生者少。"意思是说，冬季当使神志伏匿，并情志舒畅而闭藏，以适天时闭藏之期。逆之则肾水伤，影响春季生发之气。

冬季时人体阳气收藏，气血趋向于里，皮肤致密，水湿不易从体表外泄，而经肾、膀胱的气化，少部分变为津液散布周身，大部分化为水，下注膀胱成为尿液，无形中就加重了肾脏的负担，易导致肾炎、遗尿、尿失禁、水肿等疾病。因此冬季养生要注意肾的养护。肾是人体生命的原动力，肾气旺，生命力强，机体才能适应严冬的变化。

打坐静修，养生调气以冬季效果显著，冬至一阳初升，是修炼最好的时候，《庄子》一书记载，黄帝当年向广成子道长请教长寿之道，广成子答曰："无视无听，抱神以静，形将自正。必静必清，无劳汝形。无摇汝精，无思虑营营，乃可以长生。目无所视，耳无所闻，心无所知，汝神将守汝形，形乃长生。"这是记录了广成子实修的感悟及长生之道。

禅者的秘密

茶密小秘诀：

对于本来胃肠虚弱的人，冬天打坐、禅修容易产生胃肠的问题，人在寒冷的状态下打坐，身体自然会萎缩，由于运动量减少，身体体温降低，不自觉地含胸弓背，压迫胃部。此时对治方法如下：

1. 打坐时坐垫有保暖措施，例如用电热毯或厚毛毯包裹膝盖、下肢，使下肢温热。

2. 如果胃肠不适，可一日断食或一顿断食，再吃的时候细嚼慢咽。

3. 减少食量为平时的1/3，多喝温茶及温热的蜂蜜水。

有些人禅修一段时间后，下丹田会开始形成气场，这时候没有以前那么怕冷，出门也不愿意多穿，打坐时不注意保护膝盖。冬季最容易受寒，室内外温差较大，寒气进入人体非常快速，人在外出时，感觉凉凉的空气很舒服，其实就是舒服时，寒气同时正在进入，寒气进入人体后腿脚会慢慢感觉僵硬，打坐开始疼痛、困难，受了寒气会开始咳嗽、咽喉痛或者头疼、发烧。

茶密小秘诀：

冬季打坐、禅修时最怕寒气，寒气通于肾。冬天寒气最重，寒气伤人时，就称为寒邪。寒邪最易伤肾，肾气是水脏，其性为寒，这样天时的寒气和人体之肾，两寒相逢，雪上加霜，肾阳易受伤害，这就叫做寒气通于肾。肾阳受损就会出现怕冷、肢凉、小便清长、大便稀溏，苔白质淡、脉沉无力，甚至出现腰腿肿等情况，冬季一定要保暖养肾。寒气进入人体后先堆积在皮下的经络理，也就是"腠理"，时间久了会转移到相应的"腑"中，常见的"胃寒"即是这样形成的，用手摸胃部，可以直接感觉其温度特别低，有时会和肚脐的温差大到6℃～7℃。

最好的方法是立即让体内发热，体外保暖，特别是腰背至脚趾的温暖十分重要。我们还要注意让室内空气保持湿润，不可以太干燥，干燥的空气易引起咳嗽、咽喉疼、感冒，一旦已经上火，咳嗽、咽喉疼的征兆出现，那调理就没有那么迅速了，需要一定的时间。

冬季要时刻保护头顶、颈部、腰部、膝盖的温热，每天多次茶熏，无论喝什么茶，喝之前先熏3-5分钟，充分吸收茶气，让面部湿润，活化五官，熏后再喝更增加对茶的营养吸收。

茶疗：

1.冬季万年甘茶：万年甘本草、茉莉花、西洋参、熟普洱各5克，用开水煮开15分钟后茶熏10分钟后慢慢喝，一天三次。每次喝前先烧开熏10分钟。

2.姜茶：生姜含多种活性成分，富含钙、磷、铁、胡萝卜素、硫胺素、核黄素、尼克酸、抗坏血酸、姜辣素等营养成分，具有活血、祛胃寒、除湿、发汗、解酒、健胃暖胃、加快代谢、疏通经络等作用。可以根据个人口味调制各种姜茶，例如加入红糖、黑糖、蜂蜜、三七、红枣、枸杞等对治胃寒有一定功效。但要注意"一年之内，秋不食姜；一日之内，夜不食姜"，气候干燥的时候，以及火气旺盛的时候不宜喝姜茶。

第四章

诸恶莫作 众善奉行

一

　　冬安居就这么有惊无险地结束了，这是真秀第一次结安居，从刚开始上山的抓耳挠腮，心神不定，到中间饥寒交迫，风雪交加，再到后来饿虎扑食，惊吓过度，等到最后春暖花开、芳草鲜美时，真秀已经喜欢上了安居生活。这一切如梦一般的奇妙却又真实，小真秀的心里也从害怕孤独变得喜欢安居的宁静。每

天清晨伴随启明星的早课，也从嘟着嘴起床，昏沉地打坐犯困到慢慢有意识地开始跟着师父进入禅定。这些都如天地间冰雪消融后自然春暖花开，如黑夜尽褪后自然黎明初现，无需焦急盼望，安排计划，无论小真秀表现得怎样不情不愿，不言不语还是兴高采烈抑或躁动不安，谂禅师都是一样平静如水，慈悲包容，用他的言传身教转化着，影响着真秀幼小的心灵。

这一日，师徒二人见山上的积雪已经融化殆尽，春意盎然，便开心地收拾干净山上的茅棚，打点好行囊准备下山。一路没停行走了四个多时辰，方至山脚下的小村庄。

早春三月，"千里莺啼绿映红，水村山郭酒旗风。南朝四百八十寺，多少楼台烟雨中"。村庄里炊烟袅袅，师徒二人通过一条两岸桃花茂密、芳草鲜美、落英缤纷的小溪而到达一个小村庄，夕阳下炊烟袅袅，仿佛《桃花源记》的田园美景，"土地平旷，屋舍俨然，有良田美池桑竹之属，阡陌交通，鸡犬相闻，其中往来种作，男女衣着，悉如外人，黄发垂髫，并怡然自乐"。

谂禅师俨然心情大好，看着如斯美景，念道："春日迟迟，卉木萋萋。仓庚喈喈，采蘩祁祁。"真秀可听不懂这些拗口的诗句，他看脚边有小溪清澈见底，有时会爬出几只小螃蟹和小龙虾，几个小男孩在溪水里玩耍，有几只鸭子在水中嬉戏，真秀跑过去悄悄从地上捡起一块小石头扔向它们，鸭子们惊叫着从水中跳起来，翅膀扑闪着，水洒了真秀一脸，真秀哈哈大笑着。

二

"师父，我们在这里住一晚吧。"

"呵呵，真秀累了吧？"

"师父什么都知道，现在知道真秀最想什么？"

"自然是大大的雪白馒头啦！"

"啊！师父，您真是大菩萨，我心里想什么都知道！"

师徒二人边说边笑地来到田埂边，几个老农还在收拾地里的东西，谂禅师走过去，一合掌："施主，你们这么晚还在地里忙？我们刚从山上下来，有什么需要我们师徒帮忙的吗？"

说着就脱下背囊，抓起农具，准备干活。

老农们见了，忙忙过来，抢走农具，说着："哎呀，哪里来的大和尚，怎么可以让你们帮忙干这些？"

另一个农民转身在自己的食篮里拿出一个大包子，递给真秀："小和尚，你们吃饭了吗？"

真秀看到包子，眼睛都闭不上了，"没，没吃，我们走了一天，在山上喝了几口山泉，我什么也没吃。"

"哎呀，那真是抱歉，我这里只有一个包子了，要不跟我们回家去吃饭吧！"

谂禅师合掌感恩，微笑着说："不麻烦施主了，老僧不用吃东西了，真秀还小，他肚子容易饿。"

这边说着话，那边真秀已经在大口地吞着比他的脸还大的包子，那滋味无法形容地鲜美。真秀一口气吃了大半个包子，看到师父在旁边笑眯眯地看着他吃，就用手掰了一大块，伸手递到师父嘴里，谂禅师低头就着真秀的小手也故意把嘴张得大大的吞了下去，当看到师父咽下包子，真秀幸福地咯咯笑出声来，周围的几个农民看着他们师徒二人的样子也跟着笑了起来……

三

"师父，为什么农民们那么辛苦，一年忙到头，还住得差吃得差？那些县城里的老爷每天不干什么，为什么住得好吃得好呢？"

"尽日寻春不见春，芒鞋踏遍陇头云。归来笑牛梅花嗅，春在枝头已十分。"

"师父，真秀请教您呢！别念诗了，呜呜，真秀听不懂。"

"哦，真秀长大了，学会提问题了？"

夜晚，师徒二人露宿在田边的小亭子里，真秀头枕着背囊，盖着师父的外套，看着天空中繁星点点和星光下朦胧的农田，夜风清凉，他脑海里浮现出农民在烈日下耕种，披星戴月地劳动，而县城里那些大户人家的老爷坐着轿子出入，仆从如云的景象，真秀猛然思考起来，以前从来不觉得需要思考的天经地义的问题，现在感觉不明白了。

"真秀啊，我们修行的人，需时刻知道惜福惜缘，好像穿衣服时，想到一针一线都是妈妈辛苦编织密密爱心，如此一想，衣服不如别人华丽的心就消除了。吃饭时，想到一粥一饭

来之不易，粒粒米饭都是农夫汗水耕耘，我们何德何能，岂可不好好地珍惜盘中飧？这样一想，吃的东西不如别人的心就消除了，我们生下来皆是赤裸裸，每一件东西都是天地恩赐的，感恩天地滋养，因缘和合，万物生长，春华秋实，岁月如斯，感恩心一生，粗食淡饭自然美味无穷，不生贪嗔之心，自会安心舒服，恬淡快乐而处处自在。"

"师父，真秀知道了，这就是好人才有好报。对吗？"

"呵呵，小真秀愿意做好事当然是好的，但可不是为了有好报才去做好事，做好事是因，有好报是果，因果的关系如同种下一颗种子，能不能长成大树是不一定的，需要看因缘，同样的种子，阳光、雨水、气候不同，长得就不一样。所以有些人虽然感觉做了好事也不一定有好报，因为不理解因缘的变化啊。"

禅师停了停接着说："做善事更需要有智慧，有方法，有能力，有愿力。给人一个馒头是好事，但我们修行者需要的是帮助众生开智慧，没有智慧引导，生不得法，有些自己以为的善事可能还会害了别人呢，这就是许多人说好心为何没有好报，时机不对，方法不对，所以关于善行啊，今天讲不完了，以后小真秀自己慢慢悟吧，今天你先记住八个字：诸恶莫作，众善奉行。"

茶密小讲堂（四）

禅修者在春天如何获得灵气？

春为四时之首，一元复始，万象更新。

《素问·四气调神大论》指出："春三月，此为发陈。天地俱生，万物以荣，夜卧早起，广步于庭，被发缓形，以使志生，生而勿杀，予而勿夺，赏而勿罚，此春气之应，养生之道也；逆之则伤肝，夏为实寒变，奉长者少。"

春归大地，阳气升发，冰雪消融，蛰虫苏醒。自然界生机勃发，一派欣欣向荣的景象。所以，春季养生在精神、饮食、起居诸方面，都必须顺应春天阳气升发，万物始生的特点，注意提升阳气，春季重点在于一个"生"字。

禅修者在春天需要多吸收好的饮食营养，除了吸收各种春天应季的蔬菜瓜果的营养，同时大树发芽，小草转绿，鲜花盛开也是植物生长能量最集中的时期。修者对于自然界里不同的气味，不同的颜色都要尽情吸收，这些是自然的营养，天地的灵气是修者最好的营养，这些生机勃勃的气息是帮助身体的良药，加上冰雪融化时，地上腾腾上升的暖暖地气，在站桩、户外打坐时如果有效汲取自然的灵气，更让细胞活跃，身心舒畅。春天的气息、生机不但可以帮助修者身体功能的转换，净化，功能的提高，也可以帮助修者气脉通畅，精神清晰。

那如何获得这些天地的灵气呢？在被污染的城市生活比较困难。故此，生活在都市里的人，无论修者或平时不懂修炼，想得到自然赋予每个人的春天生长的能量，需要每周去污染较少的郊区、山野田园走走，在自然环境下体会花草的芬芳，徒步、爬山时配合调息，打开心肺。

修者更需要每月有几天在山里居住，现代人找不到茅棚，最好是住帐篷，少住酒店，在野外听山林天籁，打坐精进。

同样的饮食，例如山上的野菜，自己在爬山时，山里居住时，身体毛孔张开，气场和山林相应，吃的时候对身体大大有益，而带回城市，身体自然闭合，即便同样的蔬果、菜肴，营养也大大下降。现代人总是以为吃野菜健康，忽略身心与环境相应的道理。如同人在心情好时，感觉幸福时，吃什么都容易吸收，对身体有帮助，可是心情郁闷，或者对食物没什么感觉时，再好的东西也不会很好相应，很好吸收。

身心的相应、愉悦、幸福不是花钱可以买来的东西，即便很便宜的野菜，这些微妙的植物也有生命，其中最好的气机，只会奉献给同样打开自己、放空自己的人。一个时刻处于紧张状态的人，是不可能吸收、体会得到天地的这种不可思议的能量、气场的精妙与美好的。

春季调身花茶：

菊普茶：清肝明目，用五六朵杭菊花，5克熟普洱冲泡，可加少许蜂蜜。

金银花茶：清热解毒、疏利咽喉，可帮助缓解春季感冒、扁桃体炎、牙周炎等病。配制时选金银花10克，沸水冲泡频饮。

柠檬茶：这种茶能顺气化痰、消除疲劳、减轻头痛。新鲜柠檬2—3片，可加少许蜂蜜，再用温热开水冲泡。此茶要趁热饮，冷了味道变苦。

玫瑰花茶：玫瑰花能凉血、养颜，所以有改善干枯皮肤之作用。由于玫瑰花茶有一股浓烈的花香，治疗口臭效果也很好。玫瑰花茶还有助消化、消脂肪之功效。用5-6朵玫瑰花加熟普洱5克，先茶熏10分钟后慢饮。

枸杞茶：能滋肾、养肝、润肺、补气。十几粒枸杞，5粒大枣，桂圆加热水冲泡频饮。

　　桃花茶：桃花几朵，加熟普洱5克茶熏10分钟后饮用，有利水、活血、通便的功效，还能治水肿、脚气、痰饮、积滞、经闭。但桃花性寒，久服会耗人阴血，损元气。如便通须停，不宜久饮。

第五章

内无一物，外无所求

一

"空门寂寂淡吾身，溪雨微微洗客尘。卧向白云情未尽，任他黄鸟醉芳春。"

不知不觉的行脚生活中真秀已经二十一岁，谂禅师虽然年逾花甲，但走路健步如飞，饮食起居全无老态，像二十几岁年轻人一样精力充沛，谈笑风生。

"真秀上座，你知道禅者为何云水行脚，居无定所吗？"

这一日正赶上元宵节，师徒二人来到苏州县城，县城街上满街花灯，人来人往，大人小孩一个个喜气洋洋出门逛街，看着街上的人群，一家家的亲人团聚倍显亲热，谂禅师突然就开口问徒弟。

"知道啊，师父，我们僧人为寻师求法，自修悟道，或普度众生，教化他人而广游四方叫行脚，云水和行脚同义。"

"呵呵，好，今天老衲来考考上座吧。"

二

"请真秀上座回答，何为上座？"

"弟子以为，上座为僧寺的职位名，位在住持之下，除了住持以外，更无人高出其上，是禅堂中的首座，故名为上座。"

"那老衲在三年前开始称呼您上座，您和老衲属于哪座僧寺？老衲位居何位？"

"嗯……这个……"

"您说的上座称呼的理解是对的，但还要补充牢记几点。据《十诵律》卷载，上座者需无畏、息烦恼、多知识、有名闻、能令他人生净心、辩才无碍、义趣明了、使闻者信受、善能安详入他家、能为白衣说深妙法，分别诸道，劝令行施斋戒，令他舍恶从善、自具四谛、现法安乐，无有所乏。故此，老衲眼中真秀上座是徒儿已具备的能力，并非僧寺的职位。"

真秀通体出汗，诚惶诚恐，拜服地下，给师父磕头。谂禅师笑哈哈拉起他来。

"师父，弟子想问，上座既然已经具备了这么多能力，和禅师有什么区别？"

"这个问题问得好，上座是对同修中修得最好的修者的尊称，除了帮助自己也可以帮助别人，但不同于指导禅修的禅师。"

禅者的秘密

三

边喫茶，真秀等着师父继续讲法，谁知道师父居然睡着了。说起师父的睡眠，真秀真是太佩服了，师父不但可以坐着睡，站着睡，居然走路还能睡，而且是说睡就睡，说醒就醒，睡着时候外边发生的事情他也知道，醒来就精神抖擞，这等功夫，真秀不知道还需要修多少年？

"哦，真秀上座还在等什么？"

正在胡思乱想中，真秀看见师父笑眯眯地看着发呆的他，忙说："弟子还在想着师父上午说的话。师父休息好了，可否继续慈悲教化弟子？"

"嘿嘿，好。"

"师父，那是什么是和尚？"

"外无一物，内无所求。"

"师父，那什么是大士？菩萨？尊者？阿罗汉？还有佛？"

"真秀今天这么多问题？"

"师父慈悲，要说就一次性都说了吧！"

"龙树菩萨创始大乘佛教以后，佛教有了大、小乘之分。大乘佛教自北印度通过西域传入中国再传入朝鲜、日本的佛教，以及由尼泊尔、西藏传入蒙古一带的佛教总称北传。小乘上座部通行巴利佛典的锡兰、缅甸、泰国、高棉等国的佛教，总称南传。南传修行有四个阶段，最高成就者称阿罗汉，最终圆满入涅槃，得阿罗汉果。如迦叶尊者，须菩提尊者，更尊敬的称呼又叫大阿罗汉。佛法上看，佛又叫大阿罗汉，与别人不同的是，佛陀创始了佛法，对创始人更恭敬的称呼称他为佛祖。弟子们当面称呼他为世尊，就好像在家里称呼父亲为爸爸一样。"

"哦，我知道了，对于佛祖的各种称呼适用于不同场合、不同身份、不同时间对不对？就像佛法角度称如来或大觉者，教化众生角度称大导师等。"

"呵呵，大乘佛教开始强调自利利他，自觉觉他，即指以智上求无上菩提，以悲下化众生，修诸波罗蜜行，于未来成就佛果之修行者即为菩萨。菩萨有多种分类，依悟解之浅深而有

不同之菩萨阶位，菩萨所修之行，称作菩萨行。"

"哦，这下弟子明白了，菩萨是大乘佛教的称呼。"

"菩萨有诸多别称，大士与'菩萨'同义，士是事的意思，指成办上求佛果、下化众生的大事业的人，如观世音菩萨即叫做观音大士，维摩禅的祖师叫傅大士。"

"那师父，什么样的高僧称为尊者？"

"尊者是印度对德高望重的修行者、罗汉的尊称，例如阿难尊者、大迦叶尊者、须菩提尊者。后来延伸为下座称上座为尊者，上座称下座为慧命。"

"懂了，那长老呢？"

"原来对年龄较大的大修行者叫长老。道高腊长的出家人，如舍利弗长老，尊者和长老也可以并用，《金刚经》中称呼须菩提长老，表明须菩提尊者当时年龄已经较大了。"

"另一方面，《增一阿含经》谓：'我今谓长老，未必先出家，修其善本业，分别于正行。设有年幼少，诸根无漏缺；正谓名长老，分别正法行。'禅林中接引学人之师家称为长老，凡具道眼，有可尊之德者，皆可称长老。"

"哎呀，师父，今天我真是太幸运了，以后师父多跟我讲讲吧！"

"徒儿啊，您不能再像小孩子一样什么都问个不停了，现在开始每天增加二个时辰时间抄阅经书。"

"啊？……师父，我们今天还没吃饭呢！"

四

"师父,您是不是就喜欢云水行脚?是不是咱们一辈子就这么四处行脚?"

真秀在师父面前永远都是孩子,师父回答就高兴,师父不回答也不恼,此时,真秀歪着头,傻笑着盯着师父问。

"唉呀!真秀怎么知道的?"谂禅师突然回身,瞪着眼,大声回答着。

真秀一惊非小,从来不开玩笑的师父怎么会这么说话?惊喜后忙接话,说:

"师父啊,知师莫若徒呗,我……"

话音未落,只听谂禅师一声狮子吼,如雷贯耳,真秀当场倒地,什么思想、饥饿、疑问、杂念全部烟消云散,脑海里空空如也,不知身处何方。

过了一会儿,真秀被一阵馒头的香味唤回了知觉,他慢慢回过神来,深吸着无比甜美的馒头气味,脑海里突然闪现出九岁那年刚遇到谂禅师的瞬间,那是他一生中吃过的最好吃的馒头。深吸馒头的香甜味,真秀不自觉张开了嘴,睁开了眼,看见师父满脸慈祥地拿着馒头放在他鼻子前,他张嘴咬了一大口,师父笑着,好像记忆里妈妈的气味、眼神,妈妈在喂他吃馒头一样。他回忆着九岁遇见师父时吃到第一口馒头的香甜、幸福,今天好似回到了和师父初次相逢的那一天。

意识在咀嚼中恢复,已经过去十五年了,日子真快啊!街道上人来人往,熙熙攘攘,没有人注意他,他仿佛化在空气中一样透明。他是谁？一位叫真秀的小和尚，真秀这个名字也是师父取的，那真秀之前呢？铁蛋？铁蛋之前呢？在妈妈肚子里的宝贝？宝贝之前呢……

师父递给他随身携带的水壶，他就一边胡思乱想，一边喝着水，师父的水壶口有一个小茶包，每天更换，每次喝水时总能感觉到幽幽的茶香，一喝就能解渴生津。

师父看着他，温柔地问："真秀啊，您刚才吃下去的这一口馒头，是现在二十四岁的您在吃呢，还是九岁那天的您在吃呢？"

茶密小讲堂（五）

禅修者如何了解自己相应的饮食？

禅起源于印度，是智者们找到解脱的方法，古印度的智者晚上仰望星空，对无垠的宇宙产生了无穷的遐想，深感人体的局限、渺小，生命的无常，禅是超越时空束缚，使身心解脱觉悟、逍遥自在的一种无上智慧。

在两千年前的同样的星空下，中国的先贤们也在思考人与天地、万物、自然的关系。庄子说"天地与我共生，而我万物与我唯一"，他在《逍遥游》篇塑造了出尘拔俗、超逸绝尘、标格高举的得道者的形象与精神境界。在第二篇《齐物论》则开始探讨达到逍遥的具体途径与方法。庄子看到了客观事物虽然存在这样那样的外在区别，他看到了事物的对立矛盾。但出于万物一体的观点，他认为这一切既是对立的又都是统一的，浑然一体不可分割，而且事物都在向其对立的一面不断转化，这和太极不谋而合，没有绝对的阴阳、黑白，这种观点又与《维摩诘经》中的不二智慧契合。庄子还认为各种各样的学派和论争都是没有价值的，是与非、正与误，从事物本于一体的观点看也是不存在的。

"上下四方谓之宇，古往今来谓之宙"，宇宙是怎么产生的，众说纷纭，佛陀在两千多年前说道："不可说。"

太阳在宇宙中比沙滩上的沙子还细微，而地球之于太阳不过乒乓球那么大，那几十亿的人口中，一个人不过就像海中的一滴水一样。古代智者们希望超越这种束缚身体的时空局限，庄子说"人生天地间，若白驹之过隙，忽然而已"，所以我们短短百年的寿命比之已经五十亿年寿命的地球，比之太阳、星河、宇宙算得了什么？我们执着的重要的事物，当时以为的永恒不过就是宇宙的一个瞬间。

除了广阔无垠的空间之外，宇宙还有不同的维度，一个人走在狭长的洞里，他只有前后的方向，走出洞里，柳暗花明时，可以看到前后左右四个方向，而当失足跌入陷阱时，发现除了前后左右，还有上下六个方向，这就是三维。当我们在探索宇宙维度时，发现除了三维，还有四维、五维，无穷无尽，完全超出想象。

生活或思想境界在高纬度里的物种、人群，俯视着低纬度的物种、人群，站在高纬度的空间会发现低纬度的物种、人群多么局限，只知道前后，不知道左右，只知道前后左右，不知道前后左右上下，但如果在这个维度里就满足了的物种和人群一样不清楚，宇宙无穷尽，智慧无穷尽，生活在更高维度的世界的生命也在俯视着他们。

先贤们明白了寰宇之内，唯心齐物，无有生灭，在短暂的生命中可以获得不生不灭的禅心，拥有一颗禅心后生活在任何空间维度，都是禅境。

印度禅强调离开世间环境、家庭、事业、社会去无人干扰的自然中寻找这种清净，世间的一切法律、条文、规定干涉不了这种环境。

中国禅则强调在平时的生活中如何保持清净心，遇困难不慌张，遇问题不急躁。无论何时何地，内心像湖水一样平静，这样和印度禅比起来，中国禅强调不离开世间而得到形而上之学以及形而下之物的各种境界。曾经有徒弟问师父："您一直说心外无物，那花草树木，在山中自开自落，与您的心有何关系？"

师父笑着说："我未看郁郁黄花、青青翠竹时，他们与我心同归于寂。但我来看着黄花翠竹后，这花这竹莫不在心中。一呼一吸间身心即与天地之气花竹之气浑然一体、生生不息，哪里可以分开？"

由于不离开世间的纷杂环境，修中国禅的修者往往会产生精神追求和身体在现实之间矛盾的现象。这种分裂比较有代表性的行为就是饮食，表现在吃饭、饮茶、喝酒等方面。

已经有一定成就的修者，体会到人生无常，故此在挫折中自己会调整，克服，心态也比较正常。但有些正在修禅的人，看了不少书，懂了一堆禅理，可是遇到问题，立即什么都忘了，这个人表面上看打坐精进，诵经熟练，但不过是个正在修禅的凡夫。

禅修最重要是修心，世间法强调快，走路、说话、判断、动作都要快，身心处在无明行中，虽然世间法自有其可取之处，聪明人会得到成功、成就，而且反应灵敏，判断迅速，但终究无法在生老病死等人生的痛苦中解脱，人时有不安，为境所牵。而禅修这样的出世间法讲究让那不断冲动的身口意慢下来、停下来、静下来，生出智慧来看清楚自己的颠倒梦想，看清楚实相，修正自己以前不察觉的一些错误行为和贪恋执着，破除无明。禅修就是让一个人放下那习以为常的身口意冲动，开发身念处，受念处，使身心柔和，言语温和，行为缓和，这样慢慢可以进入明心阶段。身口意行如果不慢下来，修者很容易回到世俗思维模式，禅修的初步目的要先改变人的习气和习惯。修者向死求生，脱胎换骨，大彻大悟才能变得身心柔软。在禅修的解脱道上最大的敌人不是别人，正是我们自己！如果心不转化，无论怎么修，一天打坐多久，也只是健身而已，起坐后又忙着疲于奔命，摸早贪黑，忙忙碌碌，这样的修者不具备进入禅境的基础。

如果通过禅修开始能量转化的修者，会遇到的比较实际的问题就在饮食方面。例如打坐一天，一周，一月，感觉身心越来越欢喜，感觉到了身体气场的转化，能量越来越大。这时候，如果吃了一点不合适的东西，比钝化的普通人更容易消化不良，如果东西不干净更容易腹泻，刹那间将长时间打坐修持聚集的能量化解，所以越进入深层禅修的修者，越需要知道自己和什么饮食相应。

古时候修者都了解个人身体情况，自己能找到相应的食物，方法如下：

1. 了解自己的性格
2. 了解自己的口味
3. 知道自己每餐进食的分量

根据这几点，例如性格急躁的修者需要避免刺激性食物，如辣椒、酸性食品等。

　　但大部分修者在内观时会发现，平时的饮食和性格有许多矛盾关系，急性人反而更喜欢吃辣椒、重口味的食物，这些内在的饮食矛盾关系需在准备进入禅修前改善，从而不影响禅修的效果。

　　每个人的习性是前天带来的，很难改变，但习惯和习气受社会、家庭、教育、社交圈的影响，潜移默化地形成，是可以改善的。饮食属于习气和习惯，是后天形成的，也是可以改善的。

　　禅修者下定决心改善习气和习惯时，建议进入一段时间的专修。例如想改变爱发脾气的习气，爱喝酒或暴饮暴食的习惯时，最好去一个有人可以时刻提醒自己的环境转化，什么样的习气和习惯，都是可以转化的，关键看自己下多大的决心。

　　在进入禅修前要改变不良饮食的习惯，最好从下决心的那天开始，断食三天，不过超过三天的断食需要有专业老师指导和监护。每个人身体情况不同、体质不同，所以寻找健康的方式都不同。断食法不仅仅是不吃饭，在断食过程中专业老师随时观察和调整修者的精神和气场，不要以为自己在家里不吃饭就可以断食了，自己断食失败的原因往往是不懂断食期需要补气、调息、导引、运动，而断食后更需要有三倍时间的复食期，以及如何避免断食时身体在净化排除体毒期间虚弱的对治，有些人断食后身体容易饥饿，断食后的复食期间饮食、修炼对身体转化比短暂的断食期间更为重要。

懂得了这些道理，每个修者都会找到自己相应的时间点进入禅修，同样也会找到和自己相应的食物。

第六章

屏风虽破，骨格犹存

一

　　"真秀上座，请收拾东西，我们马上出发准备夏安居去。"

　　农历四月十五至七月十五是夏安居的日子，十几年的云脚生涯，使真秀越来越盼望每年的冬、夏二次安居，安居的这半年，师父一般带他进山闭关修行，无论是夏天山林的寂静清凉

77

还是冬天封山的天寒地冻，真秀一年一年体会到了禅的境界，这半年神仙一样的安居岁月是他最快乐享受的时光。

古印度雨期在夏时，此季节多雨，万物滋生，不适合僧团外出，故佛陀告诸比丘："汝不应于一切时春夏冬人间游行。从今已去，听诸比丘三月夏安居。"夏安居又叫雨安居、坐夏、夏坐、结夏、结制安居、结制等。

二

今天的路走得比较奇怪，平时结安居，师父是领着他从城市、县镇往山里走，谂禅师每年会有一段时间带着真秀住在城市和县镇人多的地方，带着他乞食，弘法，拜访各地善知识，体会人间社会的生活。但是安居期，师父总是带他上山修禅养气壁观冥思，但今天的路，从郊区往城里走，哪里像去结安居？

人越来越多，真秀心中也越来越烦躁不安，他心里向往着深山的气息，山林夏日的香味，山风的微醺，山花的浪漫，仿佛陶醉在这静止的岁月里。

"师父，咱们这是去哪？"

又走了一个时辰，真秀实在忍不住了，紧赶几步追上脚不点地行走如飞的师父。

可是谂禅师好像没有听见他说话，自顾快步走着。

"师父，已经快要过了午时了，我们吃点东西再走吧？"

真秀心烦意乱，声音不觉急躁起来。谂禅师停下脚步，看着满头大汗、饥肠辘辘、纠结难受的徒弟笑了，"好吧，看来真秀上座是饿了，快去乞食吧，为师在此等候。"

真秀如蒙大赦，忙从背囊里找出钵，一个人跑去人群中乞食。

三

佛教之初并未规定僧众用餐时间，僧人可以随时进食。直到后来有人讥讽，佛陀才制定僧团在午前进食一次的规定，过了中午不得进食，此称"过午不食"。若过午而食，称为"非时食"。

按照佛制，比丘午后不吃食物。原因有两个：一、比丘的饭食是由居士供养，每天只托一次钵，日中时吃一顿，可以减少居士的负担；二、过午不食，有助于修定。

佛陀制此戒目的是要让僧人少欲，一心悟道。至于制定进食时间为午前，是因为三世诸佛是在此时段进食的。

据《毗罗三昧经》记载，"佛说：早起诸天食，日中三世佛食，日西畜生食，日暮为鬼神食。如来欲断六趣因令入道中，故制令同三世佛食。"

佛法传入中国后，由于气候寒冷，汉地不接受乞食文化，僧人自耕自食，劳动量大，如果只有午前进食，体力跟不上。故把午后进食当成是服药，过午再食为"药食"，但

还有不少僧人一直保持原始乞食和过午不食的传统。

"过午不食"，是佛陀为出家比丘制定的戒律。如今，人们生活在物质日益丰富的现代社会，虽说不一定非要效法佛陀当年的"过午不食"，但从医学或生理学的观点看，少食和短时间不食有利于人的健康，因而"过午不食"等佛教有关饮食上的学问值得人们去学习和探讨。

四

"师父……"

大约过了半个时辰，真秀满脸无奈地出现在禅师面前，钵中盛满了各种食物。

禅师再定睛一看，乐了，顿时明白了真秀为何手捧一堆好吃的还苦恼。原来那钵中除了馒头、包子，还有鸡鸭鱼肉。

古印度僧人没有素食的习惯。僧团托钵乞食，给什么比丘吃什么，没有选择的余地。佛陀虽然允许僧人吃肉，但只许允许被动地接受，不许主动地索取。《五分律》记载："若比丘到白衣家求乳酪、酥油、鱼肉者波逸提。"因为佛陀不许比丘向施主求美食，比丘得到美食鱼肉不敢吃，以此白佛，佛陀集合比丘告知说："若不索美食自得而啖犯波逸提无有是处。"

但有三种"不净肉"不可以吃，即一见为我杀者，二闻为我杀者，三有为我所杀之杀念者。在这些条件下，当然更不许为了口腹之欲而自己杀生了。"天地之大德曰生，世人之大恶曰杀生"。

佛教传入汉地后慢慢和本地文化融合，儒家文化以仁爱为本，对动物，所谓："见其生不忍见其死，闻其声不忍食其肉。"

饮食最低的目的是为了温饱，最高的目的是为了食欲，而在温饱与食欲之间，其相去何止百千万里。我们的味觉由入口到咽喉，只有十数公分，过了咽喉，食物变成什么了？佛门以慈悲为本，所以僧人食素食，居士也开始跟食素食。

真秀跟着禅师十二年，一直吃素食，平时大家看和尚托钵乞食，自然拿出素食供养，所以他也跟着吃，今天他一个人在大街上，没想到，给的食物大半是鸡鸭鱼肉，他饿得两眼放光，却也不敢拒绝施主的施食，更不敢丢弃不要，苦恼地拿回来一钵吃食。

"真秀啊，大家吃什么，我们也随缘吃什么吧。'一粒米从檀信口中分出，半瓯水是行人肩上担来'，来来来，哎呀这鸡腿真好吃。"

真秀简直不敢相信自己的眼睛，平时只吃萝卜豆腐的师父，今天居然笑眯眯坐在地下啃起了大鸡腿，这，这，这，是不是在做梦？

五

这边破戒吃肉噩梦还没醒，这一钵鱼肉在真秀肚子里面翻江倒海，恶心难受，真秀心里惶恐不安，破戒了是否要遭果报？是否会下地狱？是否十几年白修行了？胡思乱想中，脑袋昏昏沉沉地跟着师父走，一会儿来到了县城中心的破城隍庙，破庙里凌乱不堪，残破凄凉，老鼠满地跑，蜘蛛网林立，师父晴天霹雳一般说就在这里夏安居了。

三个月在这里过？师父莫不是疯了？

"《楞严经》中佛对阿难说，"谂禅师缓缓开口，对真秀说，"'一切众生从无始来，种种颠倒，业种自然，如恶叉聚。'佛又说，'汝今应当谛观六大，此六大者：地、水、火、风、空、识。'六大是何意？"

"师父，我知道六大当中'地、水、火、风、空'这前五大是属于人的身体。譬如骨是地大，血是水大，热是火大，呼吸是风大，空间是空大。至于第六个"识大"，应是属于心识。人是由身心两部分组合而成，也就是六大和合。对吗？"

"'如此——，汝当谛推汝身为是地耶？为是水耶？为是火耶？为是风耶？为是识耶？为是空耶？'"

"这……"

"如是——谛观此身从何大起，从何大散？"

"师父，是否二祖见达摩祖师时的说法相似？二祖说'觅心不可得'是不是就是不知道此心从何来，往何处去？二祖在香山坐禅了那么多年都没找到，断臂求法，拜师受教，真秀连二祖一个脚趾头的功力都不如，真秀想不清楚此身从何大起，从何大散。"

"但安意坐。设使夜叉来打汝者，欢喜忍受，谛观无我；无我法中，无惊怖想。"

茶密小讲堂（六）

禅修者如何面对破戒？

平时素食的修者，在不得不吃或误吃肉食后，认为自己犯了罪过，破戒而惶惶不安，出现恐惧、失眠、恶心、难过、焦虑等症状。

佛陀在世时从来未禁止僧人食肉，但要求僧人只能吃"三净肉"（也就是只要不见杀、不闻杀和不为我杀皆可接受）。

佛告阿难："若有比丘、比丘尼、优婆塞、优婆夷、三昧正受者，汝当教是易观法，慎勿忘失。此四大观，若有得者，佛听服食酥肉等药。其食肉时，洗令无味，当如饥世食子肉想。我今此身，若不食肉，发狂而死，是故佛于舍卫国敕诸比丘，为修禅故，得食三种清净之肉。尔时阿难，闻佛所说，欢喜奉行。"

中国僧人食素有几个主要原因：

1. 自梁武帝始，公元511年，梁武帝颁布《断酒肉文》，令天下所有僧尼不得食肉。由于皇帝的推动，加上中国寺院自耕自食，广大的庄园便成为提供素食的来源。

2. 佛教宣扬"慈悲戒杀"与儒家传统的观点"仁"相契合，吃素之风让佛教更加容易被中国文化接受。

3. 古印度僧众托钵乞食，世人施舍，给什么就吃什么。佛教初传入中国，僧人还保留着这种方式，对食物没特别的要求。后来经过社会的变迁，僧人放弃托钵，俗家弟子供养，僧人对食物依然没有所求。当僧人的人数逐渐增多过着集体生活时，俗家弟子供养负担加重。育养几万僧人的丛林，除了戒杀戒律要求之外，客观条件不允许大量饲养、宰杀和食用牲畜，僧人自耕自给时，吃自己所种植的庄稼，以蔬菜为主，是僧人从自我生存利益考虑下作出的理智决定。

4. 吃素是悲悯众生、大乘菩萨行慈悲的表现。

5. 吃素的不仅仅是人，像牛、马、大象、骆驼这些动物也都吃素，这些动物不但力量大，并且有耐力，吃素不但能使心变得柔软、充满仁慈，戒除贪欲，也能增加耐力、体力。

6. 吃素者安贫乐道、好仁不杀及回归自然的行为和道家清静无为思想吻合。

中国禅宗修者、禅师们对待戒律和其他佛教宗派，如净土

宗、天台宗、律宗等有所不同，可以说灵活性较强。如果和戒律、规定相比，禅师们更加重视当下的情况、现象。

这种思想来源与《维摩诘经》关于善巧方便的说法以及《菩萨戒经》关于无相法门的说法相契合。融汇这二者说法的是慧能禅师，他说："心平何老持戒，行直何用修禅。恩则孝养父母，义则上下相怜。让则尊卑和睦，忍则众恶无喧。若能钻木取火，淤泥定生红莲。苦口的是良药，逆耳必是忠言。改过必生智慧，护短心内非贤。日用常行饶益，成道非由施钱。菩提只向心觅，何劳向外求玄。以此修行，悟道只在目前。"禅者这种对于当下情景是否遵守戒律的灵活性，就在于是否具备"开遮智慧"。

防非止恶曰戒；处断轻重，开遮持犯曰律。每一条戒律都是活的，持戒的方式不一样、不相同。这是佛对于一切众生根性不同，开遮持犯的范围、浅深、广狭都不一样。正如教学生，对于小学生管得就很严，对中学生，他的知见渐渐开了，所以在管理规矩上稍稍开放一点。到大学生，他有能力辨别是非了，懂得利害了，所以更加自主开放。

开遮的"开"是开缘，缘就是讲当下的情况，因缘和合的某种情况下可以开戒，开戒不是破戒。在某一种情况下，禅师们觉得这个戒开了是合理的，那就不叫破戒，叫开戒。开戒没有罪，不但没有罪，还有功德。

《佛说未曾有因缘经》上举了一个例子，《法苑珠林》、《诸经要集》中也有引述。有一个国王，脾气很大，为了厨师做的菜不好吃，要把这个厨师杀掉。皇后那天正好是持八关斋戒，看到这个情形，为了救人，她化妆得很漂亮，吸引国王去唱歌跳舞，引导国王转移念头，忘掉杀人，那天她的八关斋戒全都破掉了。那破戒有没有问题呢？她是为了救人，那样做属于开戒，不但戒全破掉没有罪，还有大功德。

开遮中的"遮"是禁止的意思，决定不能够违犯。懂得"开遮"才会持戒。应当开的时候不开，固守戒条，也叫犯戒；应当遮的时候不遮，也叫犯戒。可见持戒谈何容易？戒律是活泼泼的。你要不懂这个戒律，不理解佛为什么列这些戒律，佛原始用意何在，道理何在，在日常生活当中要怎样去灵活应用，就离禅心太遥远了。我们日常生活当中，有顺境、有逆境，有顺缘，有违缘，反复无常的环境里，怎样运用戒律？那就是"开遮智慧"了。"开遮智慧"应用得圆融不二，自利利他，叫持戒。

"罪从心起将心忏，心若亡时罪亦灭，心亡罪灭两俱空，是则名为真忏悔"。

　　了解了关于禅者对于饮食、破戒、开戒、犯戒的理解，可以用智慧破除这些无明而生的焦虑、不安，以及由于不理解而固守的清规戒律。那么生活中有没有什么好的方法来让人思想清晰呢？那就是禅者离不开的禅茶。

　　边喫茶边参究禅师们的安心禅法，这个过程就是禅修的过程，也是生活禅的禅茶境界。所谓禅茶不是现代人普遍认为的装修雅致的茶室，香烟袅绕，古琴清幽，茶艺师美轮美奂的茶艺表演，一道道精美的茶具，茶壶交替，这些都是商业化的艺术加工，目的在于销售名贵的茶叶或者茶具，抑或处于社交的目的为雅致的环境增色。

　　禅茶的根本在于心，茶人的心与禅、茶相应、合一，那无论身处什么环境，深山古刹还是红尘滚滚，茶室雅居还是人潮汹涌，也无论喝什么茶，物本无价，价值都是后来人为赋予的，能在茶中体会到这种平静，在不经意间体会清净的禅心带来的喜悦、安详、舒心、自在便是禅茶一味了。

禅茶冥想

一

歌声从远处传入真秀的耳中："草铺横野六七里，笛弄晚风三四声。归来饱饭黄昏后，不脱蓑衣卧月明。"

终南山：重峦俯渭水，碧峰插遥天。出红扶岭日，入翠贮岩烟。迭松朝若夜，复岫缺疑全。

秋天的终南山更是美不胜收，师徒二人信步而行，进山已有二日。此次谂禅师领真秀拜会道家仙人吕祖洞宾。

91

真秀早就听说纯阳真人的仙名，如雷贯耳。

师父这次带他来拜访纯阳真人，真秀高兴得一个月都睡不好觉。师父说纯阳真人有三个显著特点，就是儒释道三教交融。纯阳真人修习方术，得道成仙，这是道家修道、出世、脱俗的思想。他得道之后则要"度尽天下众生"，乐于施舍的作为，即是大乘菩萨行的反映，又体现了儒家"兼济天下"的思想。

二

"无羞？"

"如如。"

禅师和真人一左一右坐在室内，从见面开始两人说了这么两句话以后，就不言不语，谁也没和谁说话，一晃就几个时辰。

真秀心里好不懊恼，心说："我的宝贝师父啊，咱们走了一个多月，才到了这深山，找了那么多天才找到这个洞，您怎么说了两个字就不说话了呢？这像两根木头一样的不好玩。"

纯阳真人的童子叫丹元，比真秀小两岁，跟了真人十年，这里平时除了动物就是动物，一个人也没有，真人天天打坐炼丹，也不跟他说话，这一下好不容易来了两个人，他比真秀还高兴。

此时见到真秀抓耳挠腮地坐立不安，他就对着真秀莞尔一

笑，起身时故意发出各种声音。看那两根木头还是不言不语地没有反应，他干脆走上前，收拾茶具，谁知刚一拿起茶杯，脚下一滑，眼看人就要摔倒，谂禅师和纯阳真人同时睁开眼睛，真人一摆拂尘，丹元顺着拂尘的气站稳了。

见两根木头终于有反应了，真秀立即瞪着眼，紧张起来，真人转身看着真秀微笑："娃娃，你来看！"

说罢，一弹指，门外树上霍然飞进一只仙鹤，飘然而至站立真人面前。真人一抬手拿起眼前茶杯，送至鹤前，鹤张嘴一饮而尽，真人哈哈大笑。

真人看着惊讶的真秀，悄声问道："这些，你师父没有教你？"

真秀把头摇得山响，一边摇头又一边看着师父，害怕自己错了，师父生气。但发现师父除了笑眯眯坐着，好像对一切发生的事情都不在意，于是也就放心下来。

真人收起笑容，端身坐好，再次一甩拂尘，仙鹤腾空而起，飞至空中绕室三圈而去。

真人低声缓唱道："养气忘言守，降心为不为，动静知宗祖，无事更寻谁，真常须应物，应物要不迷，不迷性自住，性住气自回，气回丹自结，壶中配坎离，阴阳生反复，普化一声雷，白云朝顶上，甘露洒须弥，自饮长生酒，逍遥谁得知，坐听无弦曲，明通造化机，都来二十句，端的上天梯。"

一时天空中五彩云起，异香扑鼻，林中百鸟齐飞，真秀仿佛看见天空中有仙女手持琵琶，仙乐若隐如现，真人的声音缓慢低沉，但好像黄河之水源源不断，奔腾而出……

三

　　在终南山住了近一个月，真秀每天看见两根木头在一起基本不说话，一见面要么低头打坐，要么微笑喝茶，没意思极了。呵呵，他和丹元相处十分融洽，二人一起出去采蘑菇，他帮忙丹元烧火炼丹，丹元教他道家导引法，他教丹元禅门数息法，二人白天黑夜有说不完的话。反正师父们也不吃饭，也不说话，除了去收拾一下房间，其他时间都是自由自在的。

　　那天真秀问丹元："你师父的那首百字铭中，'动静知宗主，无事更寻谁'是什么意思？怎么感觉不是修道，是修禅的境界？"

　　看见丹元不语，真秀接着说："你看，动静不二是禅法心要，不动心并不是道。咱们禅宗说'莫谓无心便是道，无心犹隔一重关'。生活禅，不但能出世，更要能入世，我师父去年冬天带我在城隍庙里过冬安居，他说动静之中都是道。在静中不乱，在动中也不乱；动静都不迷，不失根本。这不就是禅理吗？"

　　丹元摸了摸头："师兄啊，你比丹元厉害多了，怎么懂这么多道理？"

　　真秀一听，越发起劲："你看，还有一句，'真常须应物，应物要不迷'，你师父说一个修道的人，不只是跑到深山茅棚里头，躲开了一切叫清静，而是要在人世做人处事之间，保持那个如如不动、时刻不变的道心，能够应物处世，自己不

迷失本来清净的本性。你看这不就是禅吗？啊！我知道了，你师父是穿着道衣修禅法的大禅师！"

"啊？？？"

四

鼎州刺史李翱正襟危坐，谂禅师结跏趺坐在一旁，真秀在禅师身后方向静坐，悄悄注视着李大人。自从离开终南山来到鼎州，由于他一向搞不清楚儒家礼数、思想，真秀对拜会儒生的事情感觉很紧张，害怕自己说错话，做错事。

双方客气话说了许久，还未进入真秀期待的正题，这些年禅师带着他四处拜会大善知识，基本不解释什么各门各派的说法，都是真秀自己体会。但拜会儒生还是第一次，师父说李大人学识渊博，人中龙凤，可谓儒生代表，他就十分期待。

见禅师不太开口说话，刺史将脸转至真秀："真秀师父，您跟随禅师多久了？"

"回大人的话，15年了。"

"哦，您是否知道孔子圣人为什么那么重视血脉，重视后代？"

"嗯，这个真秀不敢乱说，可能多生多养后代可以使家族人丁兴旺，国家兴旺发达吧？"

"真秀师父，如果我们国家的男人都如您这般出家修行，那家族、国家是否兴旺呢？"

　　“这个……那个……”真秀满脸通红，不知道该怎么回答，求救似的看着师父。

　　这时谂禅师笑着拿起茶杯，对李翱说：“先生这茶真香，产自何处啊？”

　　李翱一拍大腿，哈哈大笑：“果然是大禅师，此茶就名真香茶，今天我把这香气供养二位菩萨。来来，我们喫茶。”

茶密小讲堂（七）

法执的危害

我们在修法时，无论是儒、释、道各种法，都要求放下杂念，而杂念中最难放下的就是法不平等的心。自己修的是最殊胜的，自己这一门最了不起，别的都是外道，禅修者虽然熟读《金刚经》《维摩诘经》《坛经》讲"是法平等，无有高下"，明白不存在谁比谁的法更高级，只是修法的人有慧和愚之别而已，但这些道理往往只停留在嘴上说，心中还是集中在某一点、某一法，甚至会因看不懂而攻击其他法，容易让自己越修越片面。

大部分佛经上最后都会提到此经是最殊胜、最不可思议，这个意思不是指比较一切法时这个法是最殊胜的法，而是指每个修者都需要找到契合自己的修法进入修境，八万四千法门中需要选出来一个和自己相应的法，选择以后修者要知道这个法不过是和他最相应的、最适合的，仅是对于他个人而言此经是最殊胜、最不可思议，不是和一切法比较而言。

悟了道的修者，在和别人交谈、接触时，在千变万化的情景中能根据对方的习气、习性而随机应变，直接反应，绝对不需要深思熟虑，一即一切，一切即一。任性合道，逍遥绝恼。

我们这一节的主人公李翱(772~841)，原来一直主张崇儒排佛，主张"复性"，发挥《中庸》"天命之谓性"的思想，主张性善情恶说，认为成为圣人的根本途径是复性。复性的方法是"视听言行，循礼而动"，做到"忘嗜欲而归性命之道"。

作《复性书》三篇，论述"性命之源"等问题。

一日他听说药山玄化禅师了得，想要一见，屡请不赴，乃躬谒之。禅师执经卷不顾。侍者谓禅师曰："太守在此。"

守性初试急，乃曰："见面不如闻名。"拂袖便出。

师曰："太守何得贵耳贱目？"

守回拱谢，问曰："如何是道？"

师以手指上下，曰："会么？"

守曰："不会。"

师曰："云在青天水在瓶。"

翱顿时感觉暗室已明，疑冰顿泮。

当即写得二首佳作赠予药山禅师，流芳百世而不绝：

"练得身形似鹤形，千株松下两函经。我来问道无馀说，云在青霄水在瓶。"

"选得幽居惬野情，终年无送亦无迎。有时直上孤峰顶，月下披云啸一声。"

什么是让他顿悟的"云在青天水在瓶"呢？这里面有无穷的含义，笔者试解几点：

一、人的本性如青天之上永远是白云。现实中的人们却因为社会熏陶而慢慢丢弃了原本属于我们的白云，只看见乌云而不见青天。

二、在青天的云和在瓶中的水本是一物，修者是什么样的心态修为，就决定了你在什么位置。

三、水因为环境不同，温度不同而形态不同。大乘佛教的精髓在于随缘而形，任运自然。

1. 冰源于水而坚于水。环境越恶劣越坚定。此修者的一种境界——忍辱精进，百折不饶；

2. 水利万物而无求，以无形蕴万形。此修者另一种境界——施而无求，因果自然；

3.云虽无形，却聚可结雨化为有形，散可无影无踪逍遥于天地之间。随风潜入夜，润物细无声，此为修者再一种境界——有相无相，有形无形。

大乘佛教创始人龙树菩萨在《中论》卷首记载：

不生亦不灭，不常亦不断，不一亦不异，不来亦不出。能说是因缘，善灭诸戏论，我稽首礼佛，诸说中第一。

在这里，不生、不灭、不常、不断、不一、不异、不来、不出，称为八不。用"不"来遮遣世俗之八种邪执，以彰显中道之实义，故称八不中道。

"八不"讲诸法缘起，故亦称八不缘起。此不生、不灭等八不，破外道之邪执，其中不断、不常等六不，共明不生不灭之义。依此，不生不灭为八不之本，又因不灭由不生而有，故不生为无得正观之根本。

因缘和合而生的万物，没有生，没有灭，没有不变，没有断绝，没有来也没有去，没有一样的也没有不一样的。我们若深刻地体会到其中的深义，就不会妄自地赋予现象事物概念，这样就不会产生颠倒，纷乱与不安。当止息这些概念，造作和纷乱不安也将随之止息，即可安心。

中国禅的禅理离不开"八不中道"的思想基础，"八不中道"是一切大乘佛教的根源，中国禅当然也不例外。药山禅师在这里讲的"云在青天水在瓶"是"断"和"常"的现象，中间有不可分割的关系。

为了破除世俗之人喜欢执着与"常见"，中国禅更提倡"人生无常"的概念，修禅时先不断让修者体会人生无常，破除修者心中的"常见"。

但是药山禅师在这里明确提出了"常"和"断"不二的道理，可以认为这里的"青天"和"瓶"属于"常"的范围，而无形之水、变化的云属于"断"的范畴。

青天上面的白云是变化多端的，"断"就是变化，没有恒久，可是这种"断"是否定的意思，不是佛法中说的"无常"，也不是《易经》中的"易"。"断常论"是黑白，是非、对错、善恶，这种世俗的见解妨碍了禅修的禅定，妨碍不二中道智慧。

再进一步看，"云在青天水在瓶"这句话也包含了"不一不异，不来不去"的思想，体现出明心见性、不生不灭的禅境。

李翱得到药山禅师的点化顿悟后，茅塞顿开，恬静如水，淡薄名利，修身正道。下山后随即卸甲归田，闲云野鹤一般自在生活，从此足不出户隐居山林。

我们还有另一个特别执着的主人公是北宋名相张商英（1041~1121），字天觉。自小就锐气倜傥，日诵万言。最初任职通州主簿的时候，一天，进入寺中看到大藏经的卷册齐整，生气地说："吾孔圣之书，乃不及此？"

归家后在书房三日不出，夫人见他闭门不出，茶饭不思，感觉奇怪，进来探望，发现他在苦思冥想，欲写"无佛论"。张夫人聪慧，知道劝阻无用，于是说："老爷既要著'无佛论'，需先了解何为'佛'，立论需知论。"

"嗯，夫人言之有理。何书比较有代表性？"

"妾身这便拿来给老爷观看。"遂回房拿来《维摩诘经》交予他，商英一口气看完，再看再看，连看数遍不尽兴，当看到"此病非地大，亦不离地大"，深为所动，弃笔出门，皈依佛法，自号"无尽居士"。

又一次商英与从悦禅师有一番著名的对话：

一日禅师对客居禅寺请教的商英说："您现在对于佛陀的言教有疑惑吗？"

商英说："有！"

师进一步问："所疑为何？"

商英答："我疑香严独颂，还有德山托钵话。"

师说："既有此疑，安得无他？"接着又说，"只如岩头所言，末后一句是有呢，是无呢？"

商英说："有！"

师听到这话，大笑而回。

禅师的大笑让商英浑身不自在，一夜睡不安稳。到了五更下床时，不慎打翻床下尿壶，忽然大悟，因而作颂：

鼓寂钟沈托钵回，岩头一拶语如雷，

果然只得三年活，莫是遭他授记来？

随后，他到方丈室叩门道："开门！某已经捉到贼了！"

师在房内说："贼在何处？"

商英被他这话再次问得愣住了，瞠目结舌。

师说："您去吧！来日有缘再见。"

次日，商英把他前夜偈颂呈给禅师过目，师对他说："参禅只为命根不断，依语生解，塞诸正路，至极微细处，使人不识，堕入区宇。"

从此，商英仰止从悦禅师，待以师礼。

后来商英撰写的《护法论》，广破欧阳修排佛的言论，驳斥韩愈、程伊川等人对佛教的误解，并对照释、道、儒三教的优缺点，加以详细论述，申明佛教圆融不二、是法平等的至理，给后人留下宝贵的精神食粮。

他说："儒者言性，而佛见性；儒者劳心，而佛者安心；儒者贪着，而佛者解脱；儒者喧哗，而佛者纯静；儒者尚势，而佛者忘怀；儒者争权，而佛者随缘；儒者有为，佛者无为；儒者分别，而佛者平等；儒者好恶，而佛者圆融；儒者望重，而佛者念轻；儒者求名，而佛者求道；儒者散乱，而佛者观照；儒者治外，而佛者治内；儒者该博，而佛者简易；儒者进求，而佛者休歇。不言儒者之无功也，亦静躁之不同矣。老子曰：'常无欲以观其妙。'犹是佛家金锁之难也。"

法是什么？是天上的云，云起云落，随风聚散，因人根器不同，法就无形，无常，无相，无定。云聚是法，云散也是法。千变万化，存乎师者一念，或棒喝如雷，或谆谆诱导，或大笑不语，或精灵古怪，心生则法生，心灭则法灭，此生则彼灭，此灭则彼生，自然而然，循环往复。

一

"师父，这次冬安居，咱们吃的、用的都不够，再过几天就得下大雪封山了，这可怎么办啊？这可怎么办啊？"

真秀焦急的声音从门外传来。

谂禅师循声出了茅棚的门，看见真秀在门口挖了一个地窖，前天背上山的那一点点食物，放在地窖里显得格外微少。

禅师放眼望去，只有几根萝卜，一颗大白菜，一小袋米，还有前天上山时离开的那户农家布施的十几块囊饼，这些食物也就是一个星期的分量，漫长的冬安居大雪封山，可能四五个月都下不了山，难怪真秀着急。

这一次冬安居谂禅师带着真秀离开江南，先进蜀慢慢往藏地行走，走了两个多月时间，来到了康定，通过康定往南又走了两天，终于来到了被誉为"蜀山之王"的贡嘎山，它是大雪山的主峰，耸立于群峰之巅。

以前每年过冬安居，禅师都提前一个月让真秀准备物品，乞讨一些米、面。奇怪的是这一次，来到了荒无人烟的高山，他也没让真秀提前准备什么食物，藏区的饮食以肉食为主，牛羊肉还有酥油，没有什么蔬菜，藏传佛教的僧人对这些饮食习以为常，但真秀从来没有到过川藏地区，心里恐惧得很。

"师父，山下的那个老人家一直告诉我们，这里山上下雪，要到明年三月才可下山，这近半年时间我们在山上下不去，我们该怎么办啊？"

二

贡嘎山山区高峰林立，冰坚雪深，险阻重重，山峰的高峻，远非江南一般名山可比。登临山峰，放眼望去，万里银白的雪域匍匐山下，立时产生一览无余、众山皆小的王者境界。

上山这两天，真秀和禅师花了一天时间在冰川旁边建了一个小木屋，真秀发现几件怪事：

首先是不冷，他们身着薄衫，脚踏冰川，在这光怪陆离的冰雪世界，完全没有江南冰雪寒冷的感觉。

接着是冰崩，昨天冰崩时冰雪飞舞，隆隆响声震彻峡谷，场面蔚为壮观，这种壮观令天地为之变色，真秀从未见过、想过。

最后真秀发现冰川表面有数不胜数、绚丽多姿的美妙奇景，冰桌冰椅、冰湖、冰窟窿、冰蘑菇、冰川洞等等，太多的奇景让人目不暇接，不断会有新的发现、新的惊奇。

"那您认为我们应该怎么办呢？"

正当真秀兴奋之余又在门外对着地窖中的食物发呆时，谂禅师悄悄走到真秀身边，柔声问道。

"师父啊，如果我和您一样有这么深的禅定功夫，可以百日不食，一年不卧，如如不动，了了分明，那我也不用担心吃饭问题了。"

"哦，您信任师父的能量？"

"当然信任啦，但是师父，您不能替真秀打坐，吃饭，挨饿啊，您知道真秀食欲旺盛，师父您慈悲慈悲吧，您殊胜智慧无边无际，告诉真秀该怎么办？"

"您是否相信我们修的禅法是正法？"

"当然相信啦！师父！"

"那您不用担心了，明天开始正常吃饭，好好壁观潜修，一切随缘，饿不着的。"

三

话是这么说，当发现地窖的食物天天减少，真秀的心中还是不安得很，饿了也不敢多吃，但吃完立即就开始饿。

师父还是一如既往和平时一样，修的时候心如止水，散步的时候面带笑容，不慌不忙从不过问地窖里还剩下多少食物。

唉，真秀心里想，我跟了师父十几年，怎么就没他一根头发的定力呢？我也放下吧，饿死就饿死，死在师父身边也是我的福报。这么一想，真秀也顿时释然起来，开心地打坐，诵经，该吃的时候吃，该喝的时候喝，不去看地窖中的存粮了，居然感觉也没有那么饿了。

如此平安过了一周，那一日，地窖中的食物全部吃完后的第二天早晨，真秀走出房间，四周都弥漫着宁静与安详的气氛，他想着不久就该饿死了，在如此美妙的地方和师父一起灭寂，是自己的福报吧。他深深地吸了口气，口鼻里都被灌满了冬天独特的清凉，又轻轻嘘一口气，一团白雾裹着一份温暖袅袅升空，在半空中伸展，氤氲，半晌又汇入了干冷的空气里。群山覆盖上一层苍茫的白色，那是一副磅礴的好图景，他知道茫茫大地间孕育着新的希望。

中午时分雪花漫天飞舞，狂风肆虐，真秀正在静心打坐，被一通敲门声惊起，开门一看，有三个猎人走进他们的木屋避风，寒风"呼呼"地咆哮着，用它那粗大的手指，蛮横地乱抓人的头发，针一般地刺着人的肌肤。

猎人的生活和城里人完全不同，他们最亲密的是他们训练有素的猎狗。猎狗都很敏锐，一发现野猪的气息，就会穷追不舍。攸关性命的狂奔是很费力气的，野猪尽管厉害，但通常在几只猎狗的前后夹击下，也会虚脱。那时只需要一只矛，一把剑，就可以置一只凶猛的野猪于死地。至于打野鸡对他们来说更是不值什么，只要弄点食物和夹子放在一起，撒在野鸡经常出没的地方，就可以守株待"鸡"了。

他们抓得最多的是野兔，猎人们会做个活套，在有新鲜兔子脚印的地方，从侧面接近，将活套放置在兔子的必经之路上，高度与兔子头相当，活套的另一端则拴在路边树上，只要能固定就行。当兔子经过时，头部刚好钻进套子，它越动套子拉得越紧，野性大的兔子会因为拼命挣扎最后被勒死，成为猎人囊中之物。

猎人们进来便大声说笑，和禅师见礼，禅师非常温和地回礼，也不嫌弃他们身上的血腥味、酥油味。

真秀瞪着眼睛听他们豪放地讲打猎的故事，晚上，他们拿出自己背囊里的肉干、水壶里的烈酒，大口吃肉，大杯喝酒。真秀不时拿眼睛的余光看师父，发现师父犹自端坐，好像眼前那些人根本不存在似的。

第二天雪过天晴，猎人们道谢离开，留下了三只野兔、五只野鸡，还有满满大半袋牛肉干。

真秀进山后就没有好好吃过东西，现在生了一堆柴火烤野鸡，那个无法形容的香味啊……他看禅师不吃，不反对，便自己吃起来，一边吃一边默念南无观世音菩萨，南无观世音菩萨，南无观世音菩萨……

四

　　这几个猎人住得不太远，他们冬季会转山狩猎，还会在洞里挖出冬眠的一些动物。半月后，这几个猎人又经过了真秀的木屋，这一次没有刮风，真秀怕打扰禅师打坐，就带着他们坐在门口石头上，看他们喝酒。

　　听这些猎人趣谈动物的特性是真秀非常享受的时光，他从小没有什么固定的居住地点，也没有认真接触过动物，他很奇怪地问猎人，动物为什么到了冬天就睡觉，不吃不喝的也不饿死？几个猎人边喝酒，边很耐心地告诉他。

　　冬眠，是动物避开寒冷冬天的一个法宝。野兔、狼、山鸡、喜鹊、刺猬、黑熊等动物都会进入冬眠。冬天干燥寒冷，不但动物，植物为了适应这样的环境，也会和动物一样自动进入休眠状态。由于干燥，为了防止水分过多蒸发，所以植物会落叶（在秋天就开始落了）。

　　冷血动物都要冬眠，不过一些温血动物，像熊，也要进行冬眠，它们不是因为受不了寒冷，而是因为冬季食物稀少，为了能够撑到食物充足的春天，必须降低消耗能量的速度，所以要冬眠。冬天一到，刺猬就缩进泥洞里，蜷着身子，不食不动，它几乎不怎么呼吸，心跳也慢得出奇，每分钟只跳10～20

112

次。如果把它浸到水里，半小时也死不了，可是当一只醒着的刺猬浸在水里2～3分钟后，就会被淹死，这是为什么呢？原来冬眠时，动物的大脑神经已经进入麻醉状态。

山里的蜜蜂当气温在7℃～9℃时，蜜蜂翅和足就停止了活动，如果这时候轻轻触动它时，它的翅和足还能微微抖动；但当气温再下降几度时，再触动它却没有丝毫反应，显然它已进入了深沉的麻痹状态；当气温下降到零度时，它则进入更深沉的睡眠状态。所以冬眠时神经的麻痹深度与温度有密切关系。

冬眠动物体温下降时，机体内的消耗作用变得非常缓慢，所以仅仅能维持它的生命。动物在入冬前储存的皮下脂肪，一方面可以保持体温，更重要的是供给冬眠时体内的消耗。一般动物在冬眠前的体重，都比平时增加1～2倍，冬眠之后，体重就逐渐减轻。如冬眠163天的土拨鼠和冬眠162天的蝙蝠体重都可以减少三分之一以上。

动物冬眠只是动物休眠的一种形式，此外还有夏眠、日眠和夜眠等。动物冬眠一般从农历九月或十月开始，直到次年二、三月份，其间每三天或三周中断一次，以便能进食，排泄大小便。

冬眠时，动物体内会发生一系列生理变化。例如心跳缓慢，呼吸也减慢，一次呼吸最长会有10分钟；尿少；对于鸟类，一般只要不给它食物或者是让它饥饿，它就会进入昏睡状态。而且光也是引起冬眠的重要因素，如果光线昏暗，动物便很快开始冬眠。

真秀听得无比欢喜，等到猎人走了，真秀根本没有关心他们这次留下了什么东西。他的脑袋里突然出现奇怪的念头："师父冬安居也是基本不吃不喝，呼吸缓慢，有时好像一天都没有呼吸一样，心跳也是下降到几乎没有的地步，这是不是就和动物冬眠一样？"

想了一会儿，自己摇头，又想：动物冬眠是因为寒冷，找不到食物，是身体自然的反应。那师父为什么要冬眠呢？人像动物冬眠一样心跳、呼吸缓慢，消耗降低有什么好处呢？师父吃得那么少，精力、精气、智慧、能量都是哪里来的？

正在胡思乱想中，突然一首禅诗跳进脑海："尘劳迥脱事非常，紧把绳头做一场。不是一番寒彻骨，怎得梅花扑鼻香。"他平时也不爱诗词，怎么就想起了这首诗，真秀自己也闹不明白，唉，想不明白不想了，真秀摸了摸头，推门走进木屋。

禅者的秘密

五

猎人们已经一个月没来了，真秀也已经习惯了山里的生活，食物吃完了以后，他就会自己去山里转。

那天他发现了一个老葛根，以前在山上时，他和师父挖过葛根，葛根生于山坡、路边草丛中及较阴湿的地方，有黄褐色粗毛，块根呈圆柱状，外皮灰黄色，纤维性很强。茎基部粗壮，有时浅裂，侧生小叶较小。由于葛根生长在地底下，冬天的时候叶子已经枯萎了，藤也已经枯萎成暗色的了，只能在地

面上顺着枯萎的藤找到它。

这次找到的葛根比人腰还粗，依真秀的经验来看，应该有上千年了，他挖出来后，自己抬不动，就拿了斧头把葛根砍成几段，分次扛回木屋，在门口架起一堆大火，火上支了一个大陶制的水缸，取来雪融化后，砍了一大块葛根放进去熬。熬了一天一夜，葛根变成了黏黏的糊状，甜甜的，真好喝，这下真秀开心了。禅师看到这么粗的葛根也很惊奇，笑着说此为神品，葛根解饥退热，生津止渴，升阳止泻，是大大的好东西，真秀上座福报太大了。

除了葛根之外，真秀还学会了找野菜，认各种树皮，人们普遍认为，冬季野菜都已枯干，能挖来吃的野菜已经没有了。可是，以前冬安居时真秀也会挖野菜吃。

真秀清楚地记得去年在黄山冬安居的茅棚外有许多枯草，拨开枯草，发现嫩绿的荠菜就生长在下面，真秀像发现了金矿一样忙活起来，第二天他美孜孜地来到另一块没草的地里，发现这块没有枯秸的地里，遍地都是荠菜，棵棵相接，就像是人家专门种的一样，"冻荠此际值千金"，野生的荠菜不是绿色的，是红绿色的，野荠菜是报春菜，香味独特，营养价值高，在山坡向阳的一面也有不少的荠菜和青蒿，虽然被严寒冻得墨绿、铁青，可仍在顽强地活着，有的荠菜竟顶着小小的白花、花蕾与凛冽的寒风抗争。

冬天的黄山上还有很多冬笋，只是这么多年冬安居从未见到过今年这样的千年葛根。后来他越走越远，发现了有许多虫草。以前听师父说起过有一种虫子，又是虫又是草的，感觉不可思议，师父还画过一张图，告诉他这是植物中补气的圣品，配合修炼时食用效果更好，这次他在贡嘎山东西坡都看到了，真是喜出望外。

这个冬天对于真秀来说是最难忘的一个冬天了，千年葛根他和师父一起吃了整整两个月才吃完，真秀明显感觉自己健壮了，食欲降低了，吃一点就饱了，而且下丹田温热，气感很强，打坐时气往上冲，感觉很舒服。他好像感觉自己还长高了，在山上爬山的速度也可以跟上师父了，而且一点也没有刚上山时一爬就气喘的现象。

那夜又是一夜狂风呼啸，第二天清晨推开木屋的门时，映入真秀眼帘的是一片银装素裹的人间净土，真秀看见树上有几只小鸟飞来飞去，飞着飞着就落到木屋前的院子里，叽叽喳喳的，边说着话边戏耍着，忽然一只野兔从前边跑过，一眨眼就不见了。

此时，真秀怦然心动，小鸟、野兔也没有穿鞋袜，我为什么要穿鞋袜在地上走呢？一念及此，真秀脱去鞋袜，光着脚出了木屋。

雪粉粉绵绵的，一脚踩下去快到膝盖那么深，真秀快乐地往山上走着，一点也不冷，看着山上的树，地上的雪，身边的冰川，还有偶尔闪现的野兔，天空自由的小鸟，真秀此刻感觉真正和山、和雪、和自然合一了。"心无挂碍，无挂碍故，无有恐怖，远离颠倒梦想、究竟涅槃、三世诸佛、依般若波罗密多故，得阿耨多罗三藐三菩提"。真秀不知怎么就想起了《心经》中的这一段。

真秀越走感觉下丹田越发热，脚底滚烫，他惊奇地发现，脚踩下去的雪在那么厚的积雪中可以当下融化，留下一个个看得见地面的脚印。他立即想起了几个月前，在终南山时丹元师兄跟他讲的一些道家的修法，如何打通气脉头顶清凉，脚心滚热，丹元师兄说纯阳真人在雪中散步，脚过之处，冰雪立融，难道……

　　"师父！"真秀大喜，发脚狂奔，接近木屋时看到师父挺身站立门口，仰望蓝天，一袭白衣，飘然若仙，真秀呆呆地望着，脑海中闪现出纯阳真人身边那只绝世而独立的白鹤，师父此时不就是那只白鹤吗？

　　真秀瞬间悟道了，原来道和禅是通的，禅修虽然不炼丹道，看上去禅修打坐和功夫没有什么关系，但一样得到"坐听无弦曲，明通造化机"。品仙乐之音、钟鼓之韵，得五气朝元、三花聚顶，如晚鸦来栖，心胸开朗，智慧顿生，明通三教经藏，默悟前生根本，豫知未来休咎，山河大地如在掌中，目视万里，得六通之妙，这不就逍遥绝恼"端的上云梯"了吗？原来不论何种修法都是殊途同归，禅道不二！

　　"师父，师父，我悟道了！"真秀大声呼唤着师父。

　　"那天上山您问我，万法归一，一归何处？"真秀怕师父听不清楚一样，一字一句地大声说道，"真秀现在终于明白了！万法归一，一归不二！"

　　师父低头转身，看着欣喜如狂的徒儿，师徒二人对望着，欢喜地笑着……

禅者的秘密

茶密小讲堂（八）

如何进山里闭关禅修？

禅修者几乎越进入深层禅修，越会形成离开热闹的都市进山静修一段时间的想法。但是自己进山修炼不同于和一群人集体在寺院里群修，个人修没有别人打扰，进步会十分快，有时短短一周就有惊人的效果，但遇到的问题也很多。以下是对进山禅修的一些建议。

一、禅修者首先要了解自己此次修炼和哪座山相应，需要知道自己的气场适合在哪座山中得到相应的能量。不要听别人说终南山好就去终南山，青城山不错就去青城山，每个人身体气场不同，修炼的目的也不同，修的法也不同，随波逐流是图个热闹，想要得到身心的净化转化，得到能量，需要首先了解自己，清楚此次专修的目的。

是计划修身体以养生为主，还是计划修精神以禅定为主，或者计划修功夫以炼气打拳为主，或者计划修炼瑜伽以柔软拉筋为主等，根据此次的目的定修炼的地点。考虑温度、湿度、含氧量、空气等环境和自己的专修目的是否吻合。

二、定下了修炼的地点，就要了解这座山的情况、特点、山势、变化，有什么可以吃的东西，植物的根、皮、茎、叶、花、草、果、实等各种资料。

三、禅修者确定这次修炼的时间，准备修多久。通常情况下，我们决定进山修行，只会携带三分之一的食物量，一方面进入修炼后，吃的东西越来越少，没有以前那么饿，另一方面当季的自然食物营养更加丰富，和当时当地气场更加接近。就地取材更加适合修炼。

四、现代人几乎个个有慢性病，身体处于亚健康状态。如果决定进山修炼，不要跟已经修过多次的人一样，他们可能什么药也不需要，有什么不舒服打坐调息就可以解决。在修者身体没有稳定之前，每一次修炼都要准备一些常用药品带着以备急需，例如平时胃肠不好的带胃药，平时心脏不好的带救心丹，平时容易牙疼上火的带止疼片。

五、山区寒冷，除非已经打通气脉的修者不畏寒湿，正在修的人最重要的是避免寒气，所以避寒的用品要带足，如果在有电的地方，电热毯、电水壶为必备，如果在没电的地方，要备足木柴烧火。茶熏是最好的驱寒方法，每天多次的茶熏可以一方面让面部湿润，一方面让身体发热，如果想让山居生活更加完美，可以带齐一套茶具，自己边喝边品茶香茶气，真正禅茶一味。

六、修炼时服装要舒适、保暖、宽松、轻盈，适合打坐，人进入静止状态时，身体体温下降，尤其要保证肚脐以下部分的温热。

七、要学会一定野外生存的经验，例如和动物相处，如何寻找活命的食物，如何辨别食物有无毒性，如何了解食物相生相克的道理。

八、山区的夜晚是气场最强的时候，避免吹箫、抚琴、长啸、低鸣。在夜晚进入冥想时容易得到能量，但也容易得到神通，有时突然感觉自己看到以前看不到的东西，或者突然脚步如飞，比兔子跑得还快似的，还有人感觉自己可以飞起来等等出现不可思议的情况，不要执着这些神通的真假，不去理会这些现象，可能一会儿或过几天就消失了。如果执着在这些时有时无的神通里，特别容易走火入魔。

牛头法融禅师，十九时便学通经史，开始阅读《大般若经》，后隐居于茅山，学习中观三论（《中论》、《百论》、《十二门论》）和修习禅定。

二十年后，法融禅师离开了茅山，在牛头山（今南京市中华门外）幽栖寺北岩下专习禅定。他功夫很好，有很多灵异传说，据《五灯会元》记载，原来这一带经常有老虎出没，连樵夫们都不敢从这里经过。自从法融禅师入住后，再也没有老虎伤人了。

一天，法融禅师正在岩石上打坐，突然来了一条丈余长的大蟒，目如星火，举头扬威。那蟒在石室的洞口呆了一天一夜，见法融禅师比它还有定力，一动不动，于是只好溜走。据传说经常有群鹿伏在法融禅师石室门口听他讲法，他如果饿了还会有百鸟衔花都来供养他。

贞观年间，四祖道信禅师正在蕲州黄梅双峰山弘法，四祖讲法时遥望金陵一带，发现那儿紫气缭绕，知必有奇异之士在那里修行，于是亲自前往寻访。进山寻问后，一僧告诉四祖："此去山中十里许，有一懒融，见人不起，亦不合掌。"

道信禅师听了，于是策杖入山，来到石室前，只见法融禅师正在打坐，目不他顾。

师问："在此作甚？"

融答："观心。"

又问："观是何人？心是何物？"

融一下子被问得无言以对。于是便站起来，向四祖作礼，并非常客气地问道："大德高栖何所？"

答曰："贫道不决所止，或东或西。"

融又问："还识道信禅师否？"

师道："何以问他？"

融答："向德滋久，冀一礼谒。"

师道："道信禅师，贫道是也。"

融喜问："因何降此？"

师道："特来相访，莫更有宴息之处否？"

融于是指了指屋后："别有小庵。"

说完，便引四祖来到小庵前面。四祖发现，庵的四周尽是虎狼之类，于是，故意举手掩面，作出十分害怕的样子。

融见后，笑道："犹有这个在！"

师反问："这个是什么？"

法融禅师顿时默然无语。

过了一会儿，进到庵内，四祖在法融禅师平时打坐的石头上写了一个大大的"佛"字。

融见了心里畏怕，不敢上坐。

师笑道："犹有这个在！"

法融禅师没有参透，于是顶礼，请道信禅师宣说法要。

师曰："夫百千法门，同归方寸；河沙妙德，总在心源。一切戒门、定门、慧门、神通变化，悉自具足，不离汝心。一切烦恼业障，本来空寂。一切因果，皆如梦幻。无三界可出，无菩提可求。人与非人，性相平等。大道虚旷。绝思绝虑。如是之法，汝今已得，更无阙少，与佛何殊？更无别法，汝但任心自在，莫作观行，亦莫澄心，莫起贪嗔，莫怀愁虑，荡荡无碍，任意纵横，不作诸善，不作诸恶，行住坐卧，触目遇缘，总是佛之妙用。快乐无忧，故名为佛。"

融问："心既具足，何者是佛？何者是心？"

师答："非心不问佛，问佛非不心。"

融问："既不许作观行，于境起时，心如何对治？"

师道："境缘无好丑，好丑起于心。心若不强名，妄情从何起？妄情既不起，真心任遍知。汝但随心自在，无复对治，即名常住法身，无有变异。吾受璨大师顿教法门，今付于汝。汝今谛受吾言，只住此山。向后当有五人达者，绍汝玄化。"

四祖道信将祖师禅的顿教法门传给法融禅师之后，随即返回了黄梅双峰山，再也没有回来过。

从此以后，牛头法融禅师大开牛头禅，法席大盛，学者云集。法融禅师因此而被尊为牛头宗的初祖。法融禅师独自居住牛头山修习禅定的时候，已经得到忘去机心、忘去物我的境界，神通了得，道信禅师说他当时一切皆已具备，只欠一悟而已。

他悟道以后，反而什么神通都没了，后来社会动荡，战乱纷起，牛头山修者约三百多人，衣食堪忧，他为了孜孜为人，为了这些一般从学的大众，亲自到山下去化缘，每隔几天亲自背米上山来给大家吃，再没有百鸟衔花供养，虎狼护法，神鹿听经了，他也再不是以前的懒融了！这便是需要我们那些喜欢玄妙、喜欢神通的修者需要思考的问题了。

第九章

唯称供养不等闲，和尚道心须坚固

一

时光如梭，这一年谂禅师已经八十一岁了，四十多年的云水行脚，游历江湖，转眼真秀上座也已经四十岁了。

我们的真秀不再是那个遇事慌张、爱吃爱睡、叽叽喳喳、天真烂漫的小沙弥了，虽然四十岁，但长年的禅修让他外表看起来不到三十岁的样子，玉树临风，侠骨柔肠。

这一年的冬安居，师徒二人来到了河北赵州东南角搭了个茅棚，与"天下第一桥"安济桥遥遥相望。

赵州为燕南重地、冀北名区，茅棚旁边有个破败的观音院，此院建于汉献帝建安年间（196～220），玄奘法师在西行印度取经之前，曾来此从道深法师研习《成实论》。后无人打理年久日衰，就破落下来。

这一日冬安居结束时，谂禅师告诉真秀，"真秀上座，您跟随我行脚三十一年了，今日老衲决定在此地常驻，重兴观音院，大行法化，以本份事接人。您意下如何？"

"真秀正有此意，近日看师父观周围地势、气场时间越来越长，知道师父对此地甚是满意，徒儿一切听从师父安排。"

"好，那自明日开始，您去请几个木匠过来，咱们一起将坍塌的木梁竖起来，大殿、禅房尽快修缮用起来。"

"是。"

二

谂禅师身无分文决心修复旧观音院一事很快在赵州县城开始广为流传。

秀才、员外们茶余饭后说到禅师："老住持形容枯槁，志效古人。僧堂无前后架，旋营斋食。绳床一脚折，以烧断薪用绳系之。"

于是就有施主过来供养，那一日一个念佛的七十岁老太太带着儿子挎着一篮子鸡蛋、煎饼过来看禅师。

禅师、真秀及木匠三人已经将禅房修至大半，正在歇息，老太太拄着拐杖，亲自提着鸡蛋、煎饼来拜会禅师。

儿子身穿员外服，没带侍从，亲自跟在母亲身后，但愁眉紧缩，勾腰夹背，死气沉沉，看上去和老太太年龄相仿，一点也没有高兴的样子。

看见禅师见礼毕，老员外问禅师："学生请教禅师，佛与谁人为烦恼？"

师云："与一切人为烦恼！"

云："如何免得？"

师云："用免作么。"

老员外一愣，又问禅师："二龙争珠，谁是得者？"

师曰："老僧只管看。"

再问："二龙争珠，谁是得者？"

师："失者无亏，得者无用。"

听完这句回答，老员外脸上如同拨云见日一般晴朗了许多，施礼后示意看着他们对话一头雾水听不懂的老母亲离开。

走至几步开外，老员外又转过身，对禅师问道："再问禅师，如何是出家？"

师云："不履高名，不求苟得。"

老员外一躬到底，久久不起。

三

"师父，人为什么会老？您为什么不老？"

"哈哈，真秀上座，每个人的身体都会自然衰老，只是灵性不生不灭不会衰老。"

"师父，人的一生'生、长、壮、老、已'，不以人的意志转移，那您怎么八十岁了，还是精力充沛，过目不忘呢？"

"如果从身体上说肾生髓，脑为髓海，肾气旺的人自然头脑敏锐，咱们每天禅修禅坐肾水上升，水火相济，自然生生不息，肾气充足。"

"师父，真秀依您教导也看过《内经》，经中有关衰老的解释，也有养生之道，和阴阳、调气血、避病邪、补心脑、健脾胃、补肾、养神和饮食、调理的方法。肾是'先天之本'、'水火之宅'，人'年四十而阴气自半'，经上说，男子到了六十四岁，女子到了四十九岁，即'天癸竭'、肾气衰。从此，须以保养五脏之精为核心，肾藏精，养五脏之精须先养肾；人过中年，正是由于肾气虚弱了，下肢越来越不想动，越来越喜欢坐卧不动。故而气血不通，那我们打坐也是坐啊。"

"打坐与普通坐卧有何不同，真秀上座请说说。"

"真秀初初开始打坐的半小时到一小时内，杂念丛生，念念迁流，不得停息。后来根据师父教的，什么也不管，什么也不做，只管坐着正观，一切念头任其来去，不与纠缠，如是坐上几个时辰后，感觉气机突变，人好像一下子就打开了关窍，身心进入新天地一般，豁然开朗，智慧涌流，心结大开。"

"呵呵，无为法的妙处，妙就妙在自然，瞬间顿悟。"

"对啊，师父。咱们修者通过禅坐，坐的时间越长，身体会有多次气机的涌流，自动打通关窍，开启命轮，智慧与明白就都自动开启了，灵性启智，定慧双修，无为而无不为，真是非常殊胜！真秀经常回看旧日的自己，真是与现在有天壤之别，无论心胸气量和眼界智慧上都不可同日而语。有时候总想不通的问题，突然奇妙地就想通了，这应是《金刚经》中'应无所住而生其心'，又是《楞严经》中'如水静置，其沙自静'的心法吧？"

"师父，如此玄妙之心法，如何是玄中玄？"

"说什么玄中玄？七中七，八中八！喫茶去！"

四

"小师父，我师傅今年六十多了，这些年腿脚一直不好，腰也僵硬，时时疼痛，您看看有什么方法吗？"

三个木匠来了有两个多月了，尽管天天一起干活，谂禅师对每个人都非常礼貌客气，但他们一句话也不敢跟禅师聊天，每天见了禅师就不敢大声说话。

这天，他们听见真秀还在和师父讲生死的问题，真秀说：

"师父，说到灭寂，其实人随时可能灭寂，每时每刻都在衰老。徒儿看《庄子》讲"方生方死，方死方生"，当生出来的时候就是死亡开始了，当死的时候就是生的开始了，还有一句话"不亡以待尽"，是不是说人的生命在等死而已？"

"真秀上座十分精进啊。"

"师父，《庄子》强调'依天道'顺其自然，进化了老子圣人的思想：'必静必清，无劳汝形，无摇汝精，乃可以长生'。"

"嗯。"

"师父，道家重阴阳，人的生命活动莫不贯穿于此，它对机体的生、长、壮、老起着决定性的作用。阴阳不平衡，阴精与阳气就不能消长转化，才会"阴平阳秘"，才会"精神乃治"，阴阳既不平衡又平衡。故'补不足'、'减有余'。

《心印妙经》说：'上药三品，神与气精。……人各有精，精合其神，神合其气，气合其真，不得其真，皆是强名……'这些精气神的道理和我们佛门身口意是否一致？"

"……"

"师父，老子圣人的'致虚极,守静笃''清静为天下正''少思寡欲''壮物则老，是谓不道，不道早已''上善若水'等，是否都是以无为为其核心？"

"道可道，非常道……"

"哦……"木匠们天天听师徒这样的对话，云里雾里的听不懂，但没关系，木匠们知道这二位有学问，有本事，有修养，是神通广大的大菩萨。木匠们不求菩萨多付些工钱，自从看到禅师每日一餐，极其简单，身无分文，破衣草鞋，木匠们感觉自己比禅师生活好多了。

这几天经常听师徒讨论生、死、寿命、衰老，这下终于找到话题了。老木匠六十多岁，十几年前关节就不好，走路困难，今天鼓起勇气来问问小师父。

"我也不懂什么医理啊，不过记得二十几年前，我跟随师父在川藏等地住过，那里高原寒冷，许多人年纪轻轻就腿脚僵硬，患了风湿，师父教他们用大棉被包裹身体后茶熏驱寒，先熏头一刻钟，再热水泡腿一个时辰，一天两次，配合打坐调息，每天出两次大汗，好像不及半月便有效果，您们也可以试试。"

"感恩师父！感恩啊！"

"我们要感恩您们三位菩萨才是！"

五

"师父！禅院和咱们住的茅棚已建好，今天请您给俺们的观音院的山门起个名字吧！"

"真秀上座，三祖僧璨大师的《信心铭》说：'至道无难，唯嫌拣择'。至道无难，唯嫌拣择是道不远人，只在目前。本份事在脚下，平常心现当前，当相即道，即事而真。虽然修禅之人都知道大道原本平凡，平常心即是道，但却因不自觉地不停拣择惑了多少人？千山万水，跋涉种种艰难辛苦而求道求法，结果这也好，那也不错，不得一门深熏，老来零落归山丘，依就白骨化扬尘，虚诳终生，甚是可怜啊。"

谂禅师今天难得这么有兴致，一口气说了这么多话，真秀唯恐漏了哪句法语，仔细地听着：

"真秀上座，您看咱们这名字就用'至道庵'如何？"

"至道庵？太好了！"

"呵呵，真秀徒儿，这几个月辛苦您和各位大菩萨啦，修缮此庵您们付出太多了，老衲昨晚写有一歌，名《十二时歌》，将此中感悟道来您听：

鸡鸣丑，愁见起来还漏逗。裙子褊衫个也无，袈裟形相些些有。裩无腰，袴无口，头上青灰三五斗。比望修行利济人，谁知变作不唧溜。

平旦寅，荒村破院实难论。解斋粥米全无粒，空对闲窗与隙尘。唯雀噪，勿人亲，独坐时闻落叶频。谁道出家憎爱断，思量不觉泪沾巾。

日出卯，清净却翻为烦恼。有为功德被尘幔，无限田地未曾扫。攒眉多，称心少，叵耐东村黑黄老。供利不曾将得来，放驴吃我堂前草。

食时辰，烟火徒劳望四邻。馒头□子前年别，今日思量空咽津。持念少，嗟叹频，一百家中无善人。来者只道觅茶吃，不得茶嚵去又瞋。

禹中巳，削发谁知到如此。无端被请作村僧，屈辱饥凄受欲死。胡张三，黑李四，恭敬不曾生些子。适来忽尔到门头，唯道借茶兼借纸。

日南午，茶饭轮还无定度。行却南家到北家，果至北家不推注。苦沙盐，大麦醋，蜀黍米饭薤莴苣。唯称供养不等闲，和尚道心须坚固。

日昳未，者回不践光阴地。曾闻一饱忘百饥，今日老僧身便是。不习禅，不论义，铺个破席日里睡。想料上方兜率天，也无如此日炙背。

晡时申，也有烧香礼拜人。五个老婆三个瘿，一双面子黑皱皱。油麻茶，实是珍，金刚不用苦张筋。愿我来年蚕麦熟，罗睺罗儿与一文。

日入西，除却荒凉更何守。云水高流定委无，历寺沙弥镇长有。出格言，不到口，枉续牟尼子孙后。一条拄杖粗棘藜，不但登山兼打狗。

黄昏戌，独坐一间空暗室。阳焰灯光永不逢，眼前纯是金州漆。钟不闻，虚度日，唯闻老鼠闹啾唧。凭何更得有心情，思量念个波罗蜜。

人定亥，门前明月谁人爱。向里唯愁卧去时，勿个衣裳著甚盖。刘维那，赵五戒，口头说善甚奇怪。任你山僧囊罄空，问著都缘总不会。

半夜子，心境何曾得暂止。思量天下出家人，似我住持能有几。土榻床，破芦席，老榆木枕全无被。尊像不烧安息香，灰里唯闻牛粪气。"

茶密小讲堂（九）

如何保持中年以后的腿脚灵敏，肾气充足，脑部年轻，气血通畅？

有句俗话叫"人老先老腿，树老先老根"，人有四根，"鼻根，苗之根；乳根，宗气之根；耳根，神机之根；脚根，精气之根"。说明鼻、耳、乳仅是人体精气的三个凝聚点，而足才是精气的总集点。《扁鹊》说："两脚之气血壅滞不行，则周身之气血亦不宜通。"可见足部的气血畅通与否，反映整个机体的健康。脚，被称为人体的"第二心脏"。

茶密小秘诀：

一、站桩

站桩是锻炼下肢的好方法，说起站桩可以联想到树木，他们几百年、几千年一直在那里"站桩"，采天地之灵气来滋补气化自己，从而延年益寿。

站桩和站立不同。百练不如一站，站中有妙，全在"八虚"。《内经》曰，心肺有病，病在两肘，故站时沉肩坠肘，就是对心肺最好的锻炼。肝胆有病，病在两腋，故站时要"虚腋"。脾有病，病在两髀，就是人体的胯骨轴处，故要松胯。肾有病，其气会留于膝窝处（委中穴），故站时要膝盖微屈。几大关节松弛，养生之妙除了要注意八虚，二要提肛收腹，三要脊背挺直，四要缓息凝神，五要意守下丹田，而且每次时间不少于半小时。

二、按摩

1.按揉涌泉：孙思邈主张"足宜长擦"，乾隆"十常"养生法中也有"足常摩"。陈书林记载了"擦涌泉"的养生术，并谓"先公每夜常自擦脚心至数千，是以晚年步履轻便"。苏东坡每日睡前必行之事，就是闭目盘膝按揉脚心。

人之先天根于肾，涌泉为肾经起始穴位，如泉水之涌出，为精气之所发。因此涌泉具有滋肾水、降虚火，镇静安神、健脾和胃、益肾利尿、舒肝明目、健足之功效。

2.指压涌泉：以右手擦左足涌泉穴，每天睡前、醒后各一次，可反复摩擦30至50次，以足心感到发热为度。此法用力专于涌泉穴，刺激量比较大，舒肝降压、益肾利尿作用显著。左侧同法。

3.按揉脚趾：按照全息理论，五足趾反应人的大脑及面部窍穴。用右手拇指、食指捏住左脚大趾，各个方向揉捏之后，轻轻拽拉。其余四趾同法。然后用左手揉捏右脚趾。

足趾距离心脏最远，末梢循环差，揉捏脚趾有助于促进脚部血液循环，有助于全身经气的顺接运行，保证经气运行通畅。另外还有健脑益智、宣通鼻窍、聪耳明目的功效。可防治头痛、感冒等病症。

4.旋转脚踝："老子按摩法"中就有记载："舒左脚，右手承之左右捺脚，从上至下直脚二遍，右手捺脚亦尔。前后捼足，三遍。左捼足，右捼足，各三遍。"捺即按的意思。捼即扭转之意。

三、补气汤

气血双补八珍汤：当归、川芎、白芍药、熟地黄、人参、白术、茯苓、炙甘草各一两熬制。

四、补脑食物

健脑食物核桃功能和吃法：

补大脑：可将核桃仁加冰糖捣成"核桃泥"，密藏在瓷缸内，每次取两匙，用开水冲和，冲时盅中有一层白色液体浮起，这就是"核桃奶"，腴美可口。

抗衰老：可将核桃仁加黑芝麻、红枣捣成泥，密藏在瓷缸内，每天中午次取一匙。

治失眠：用核桃仁10克，酸枣仁5克，捣烂如泥，放入锅里加黄酒50毫升，小火煎30分钟，每日1剂，分两次服。

防便秘：

1.核桃仁炒香研细，每晚睡前服20克。

2.核桃仁、松子仁、柏子仁各100克，捣细用蜜做丸，每丸重9克，每次2~3丸，每日2次。

3.核桃仁10克，捣烂如泥，加适量蜂蜜调成糊状，温开水送服，每日3次。

延寿要注意饮食清淡，多食则伤脏腑。

酸、辣、咸、苦、甜叫五味，酸多伤脾，辣重伤肝，咸多伤心，苦重伤肺，甜多伤肾。

　　久视伤精损血，久坐伤脾损肉，久卧伤肺损气，久行伤肝损筋，久立伤肾损骨，孔子说："居必迁坐。"就是这个道理。

　　冬季阳气起，多艾灸，温疗，敲胆经，排除腋窝、肘窝、膝盖窝三窝毒素，每天坚持茶熏、泡脚，自然神清气爽。

一

"四大由来造化功，有声全贵里头空。

莫嫌不与凡夫说，只为宫商调不同。"

建成的至道庵一共有四个独立场所，除了一个茅厕，谂禅师和真秀上座的二间独立小小茅棚之外，中间最大的草庵是个多功能场所（可同时容纳二十余人），即作为禅堂，又是谂禅

141

师（哦，从现在开始要改称呼为赵州禅师了），又是咱们赵州禅师的讲堂，还是周围老太太们来这里念佛的佛堂，呵呵，还兼赵州禅师、真秀上座各自既独立又分开的接待室……反正一切对外用途都是它，为什么呢？因为整个至道庵就这么一间可以对外的房间。

经过半年多的努力，至道庵迅速发展起来，发展的可不是禅院里房间的数量，而是来寻找赵州禅师的信众的数量，有人会专门来听禅师讲法，有法师不远千里来这里找禅师辩经，有人来这里找禅师给自己安心，有人过来想跟随禅师修行，反正什么目的来的人都有，还有不少老人家来庵中烧香，念佛，寻求往生西方极乐，禅师慈悲，概不拒绝。

这下至道庵热闹了，人来人往，川流不息，只是它和其他寺庙不同之处在于佛堂里没有佛像。

那些念佛的老人家们刚开始不太习惯在没有佛像的禅堂里烧香，念佛，他们开始时想着这香该给谁烧？真秀上座就领着他们在香炉里插上烧，烧完带他们在房间里禅坐，念佛，不多久，这些老人家都习惯了，习以为常后，没有佛像也一样在至道庵烧香，念佛，放生，点灯，自由自在，开心快乐。

那些过来以禅修为目的的修者，更不会介意环境和条件，他们不关心有没有佛像供在佛堂，只要禅师有时间接待他们，传道授业解惑，个个都心满意足。

赵州禅师现在生活很有规律，每天上午在自己的茅棚里早课，自己精进，吃完早饭准时十点进禅堂喫茶，如有学人拜访，就一起喫茶，没有人来，禅师就和真秀上座单独喫

茶，这么多年下来基本上都是真秀上座讲，禅师微笑地听。禅师每逢初一、十五定期讲授三祖僧璨禅师的《信心铭》，八方僧俗皆闻讯而来。

二

禅堂后院有几棵禅师最爱的腊梅花、天竺果。明黄色的腊梅、鲜红的天竺果，是去年修缮至道庵时居士们供养的，后人咏梅："时墙角数枝梅，凌寒独自开。遥知不是雪，为有暗香来。"凌寒独自开的梅花向来都是禅师的最爱。

至道庵无墙，沿着茅棚，禅师种了一些干竹子，有诗赞竹曰"诗思禅心共竹闲，任他流水向人间"，可惜北方气候寒冷，不合适种植青青翠竹，所以禅师用一些干竹子做了庵的围栏。

庵内除了老禅师、真秀上座之外，还有一位主人——一条流浪狗。这条小狗在禅师刚到赵州时就每天过来探望禅师，他仿佛知道禅师的吃饭时间，每天中午准时过来，和禅师们一起进食，吃完了躺在茅棚门口晒太阳，太阳下山就不知道去哪里过夜了。待到至道庵修成，小狗就再也没有离开过，每天在庵里也不出去。

至道庵虽然有山门，但从来没有关过门，小狗太阳下山前会自己跑去山门看看，然后围着庵门口的竹栏杆走一圈，仿佛巡视一下自己的疆土一般。但奇怪的是，无论谁来，它也不叫，更奇怪的是，虽然它是条公狗，庵中偶有母狗经过，它也不在意，不像那些血气方刚的公狗，一嗅到母狗的气味就兴奋不已，狂吠不停。

每天上午十点，禅师进禅堂喫茶，各地来拜访禅师的人知道禅师的作息时间，都会提前来至禅堂恭候，小狗也每天提前卧在禅堂门口等候，待禅师进了房间，它便跟随进入，一动不动地趴在禅师旁边听法，有时候渴了，转头就着禅师的茶杯喝茶，禅师也不介意，好像自己的同修一般，众生平等，这里的人谁也没有把它当做是小狗，禅师给它起了一个法名，取禅"万古长空，一朝风月"之意，唤他"长空长老"。

三

这一日禅堂里人丁兴旺，禅师和长空长老走进禅堂时，真秀上座已陪着六位客人在禅堂等候了，真秀上座烧茶，六位默默围坐，静候禅师。

禅堂有十几个真秀上座自己用草编制的蒲团，禅师每天进来禅堂后，会在角落里叠放的蒲团中拿出两个，铺在地下自己坐一个，给长空坐一个，他没有什么固定的位置，看到哪里有空位就坐在哪里，所以真秀也从来没有给他留什么的专门位置，在禅堂喫茶大家都是席地围着坐，围个圆圈，不分主次，也没有上下。

今天六人看见禅师进门，连忙全部站起，跪下向禅师磕头行礼，他们没有想到老禅师磕头还礼，更没想到长空长老也会跟着禅师趴在地上，把头贴在地上。

礼毕落座，禅师放眼一看，六位三男三女，二老四壮，呵呵，平衡得很。没等禅师开口，坐在禅师正对面的老头就大声开始说话了："我是县城大兴街卖豆腐的，人称豆腐张。"

说着，从身后拿出一个大箩筐，递到禅师面前，大声说："这是我昨晚连夜做的豆腐，特地拿过来供养各位师父。"

真秀上座忙起身接过箩筐，合掌感恩。

"师父，我是赵州乡下的老太太。"第二位开口说话的是坐在真秀上座左侧的看上去五十几岁的老太太。说话前先合掌至额头，恭敬地施礼，然后将手放下，缓缓说道：

"我六十岁以前身体特别好，现在快八十了，我天天诵《金刚经》，以前诵经头脑很清晰，心也不乱，但六十岁以后这十几年，很难保持心不乱，我想来请问师父怎样可以像年轻时一样诵经时心不乱想？"

周围几人都非常惊讶，怎么看也看不出来她年龄有七十多岁，背不驼，腰不弯的，真是保养得不错。

四

豆腐张右侧坐着二位女众法师，等金刚老太太说完后，同时向赵州禅师合掌施礼。

其中一位年龄稍长的说道："见过禅师，我们从江西过来，我叫灵云，她是我师妹灵慧。我们自三年前因缘和合，受

一位隐士指导，修数息观，刚开始一两年，感觉很相应，气血通畅，但去年秋天开始，突然坐不住了，上下腹和双肋经常痛，去数个地方问医求道，各位大夫也不知道是什么病，这一路北上，闻听禅师大名，请禅师慈悲则个。"

坐在真秀上座右侧的是二位男众法师，等二位女众话音一落，二人齐齐躬身向禅师问候。一人开口："我们是师兄弟，来自河南嵩山少林寺，我叫无相，我师弟叫无明。"

无相一开口，声如洪钟，震得小禅房回音缭绕。"我自小出家，已经练了二十几年功夫了，师弟也练习功夫有十五年，我的易筋经功夫两年前已经成就，现在进入洗髓经修炼，师弟还在修炼易筋经。"

说着，他看了看师弟，话锋一转："我们俩在几个月前有一次在山下练功，午时时分在树林中歇息，睡了一觉，醒来发现我们同时产生了一个疑问：这些年到底是谁在修炼少林功夫？我是谁？"

其他四个人听他这么说感觉十分奇怪，豆腐张瞪大了眼睛看着他们二人，心里想："你是谁？你不是说你是少林和尚叫无相吗？我都知道你是谁，你怎么会不知道自己是谁？"

二位女众法师一听他这么说，低头沉思起来。

金刚老太太也是低头，不过心中在默默念经，并无好奇或者沉思的表情。

无相停了停，接着说道："我们有了这个念头就不行了，练什么都心乱，我们师父也没给我们答案，让我们二人下山，去拜访大善知识，自己体悟。我们这半年拜会了不少法师，几乎都告诉我们是我们自己在炼，自己的心在炼。可我们自己不知道我们的心在哪里？禅师慈悲，我们想知道，是否我们前世没有认真修，所以才会有此疑惑，以至于无法修炼下去？"

五

无相说完，大家都不说话了，真秀开始依次给大家敬茶。

真秀就近先敬二位少林和尚，无相、无明不约而同一起探出左手，舞动左手向内撩起右边宽厚的衣袖，将衣袖拖至胸腹间，然后又同时吸气伸右手托起大茶碗，举至嘴边一饮而尽。整套动作一气呵成，举手间划出的圆弧线，如同太极一般煞是好看。

无明身边坐的是豆腐老汉，老人家今年六十多了，他不会盘坐，跪在脚上，又跪不住，动来动去的，很不自在，见到真秀敬茶，忙双手接过茶碗，侧过身偷偷送到嘴边，急急地深吸了一口茶水，不知道怎么搞的，一喝茶感觉嗓子发痒，想要咳嗽，怕一咳起来没完只好强忍住，捂住嘴把茶碗小心放下地下，脸涨得通红，和自己的嗓子搏斗。

顺着豆腐老汉敬过去的是二位女众法师，二位师太见真秀敬茶，一起合掌后单手轻托茶碗，放置鼻前闭目深吸茶气，然后轻啜一口香茶，微笑飘然放下茶碗。

最后一位是金刚老太太，看到真秀上座敬茶，忙合掌将茶碗举至额头，轻声念道："阿弥陀佛！阿弥陀佛！"然后慢慢放下碗，一口气喝完茶。

六

真秀对着豆腐老汉合掌微笑着说："感恩张施主布施豆腐，您最近是否胃部不适？脸色不太好。"

"啊！师父太了不起了，我这段时间消化不好，找郎中抓了几次药，吃了都没什么变化，经常半夜感觉胃部疼痛。"

"张施主性格是否一直比较急躁，容易发脾气呢？"

"呵呵，师父说得太对了，在下从小就是急性子，现在老了好像更加急了，看什么不顺眼都容易上火。"

"您在发怒时，有无感觉口中有异味？有时特别腥臭？"

"是，时常感觉口干舌燥，也感觉有臭味，洗之不去。"

真秀继续微笑着没有说话，过了一会儿，身边炭火上的水再次烧开了，他给豆腐老汉又敬了一碗茶，柔声道："张施主，请您不要着急喫茶，请闻一下此茶香。"

豆腐老汉听话地拿起茶碗，还是不敢正对禅师喫茶，侧身深深吸了一口茶气，回身时变得很小声地对真秀说："师父，真香！"

"您可以分辨出此是何香？"

"师父，老汉我不知道这是什么香。对了，这香很清香，老汉我平时也不懂念佛，不认识字，听不懂大师讲经，但大家都说观音菩萨救苦救难，她宝瓶中的甘露水是清香的，这是不

禅者的秘密

150

是观音菩萨的甘露水啊？"

"哦，张施主和观音菩萨相应，那您以后记住了，凡是感觉要发脾气时，马上先想想这清香，一旦忍不住发作，您要想着您自己嘴巴里面全是甘露水，带着这样清香的感觉去发脾气吧。"

豆腐老汉长大了嘴，看着真秀："带着这样清香的感觉去发脾气，那怎么发？"

"现在，张施主，请您慢慢喫完这碗茶，记住这清香之味。"

七

真秀转身倒了一碗茶给金刚老太太，"施主，您保养得真好！"

这时两位女众法师也一起看着老太太。

灵云师姐说："是啊，真是看不出来您快八十了。腿脚这么柔软，进来这都快一个时辰了，您还一直这么双盘坐着，太了不起了。"

金刚老太太对各位一一微笑，说道："我没什么特别保养，就是三十多年前开始习惯每天早上起床后敬茶给十方佛祖，然后把这个茶喝了以后打坐念《金刚经》三昧，其他时间和别人一样干活、吃饭、睡觉，只是我天天念经，不管什么候都感觉带着早上诵经时的欢喜心，所以也不生病，也不爱生气，这都是佛祖保佑的。"

二位女众法师听了，频频点头称颂。

真秀上座接着说："请问您诵《金刚经》时，感觉哪一段、哪一句和自己特别相应？"

金刚老太太认真想了一下，说："法师，我诵经时没带过哪一段哪一句和自己特别相应的念头。原来教我诵经的大和尚告诉过我，每天在诵经前先想《维摩诘经》的三无法门，要我时刻记着没有我背的经文，也没有背经文的我，更没有经文和我沟通的法。"

真秀抚掌笑道："善哉，善哉！"

老太太躬身合掌回礼："阿弥陀佛。"

礼毕，老太太转向赵州禅师："大和尚，我虽然对待经文无分别，但平时常常想起的经文还是有的，常常想起'过去心不可得，现在心不可得，未来心不可得！'三心不可得这一段。"

禅师本来笑呵呵地在听金刚老太太和真秀上座的对话，此时见老太太的问话，禅师眼随腰转，微笑的眼神清净地从正中转向金刚老太太面前，稍事停留后，慢慢再转，最后眼神落在身边的长空长老身上。

长空长老的眼睛本来看着正在说话的金刚老太太，这时候，他跟随着禅师的眼睛一起回转过来，当禅师看向他时，长空的眼睛正好望着禅师，刹那间，四目相对，心心相印。禅师说："嗯。"

长空长老回应："旺……"

八

禅师向二位女众法师笑着说道："二位师太，静坐禅修一般都是从调息进入的禅定境界，调息法各门各派都很重视，为了不同根器的修者出现了各种不同调息法，二位师太在修的数息观是众多调息法的一种。依老衲看来，修法是需要不断进步方可，数息观是修心的入门修法，应无所住。二位师太数息已有小成，该进入调心境界，不可停步不前。"

二位忙欠身，"感恩禅师指教，那我们现在该从何修？"

"请喫茶！"

话音未落，旁侧的二位少林僧人早就按捺不住，无相说话中气太足，一开口就打雷一般震得禅房颤抖，"师父，请告诉小僧，我心在哪里？我心在哪里？"

豆腐老汉心跳加速，脸色发青，金刚老太太也被吓得低头念佛。二位师太花容失色，呆呆看着他们不敢说话。

赵州禅师慈祥地转身过来，看着他们，柔声问："二位法师，可愿闻忠言？"

无相问："如何是忠言？"

师云："你娘丑陋！"

二人呆立半响。

禅师又开口道："金佛不度炉，木佛不度火，泥佛不度水。真佛内里坐。菩提涅槃，真如佛性，尽是贴体衣服，亦名烦恼，一心不生，万法无咎。"

无相、无明没太明白，眉头不展，还在思索中。

禅师接着说道："如明珠在掌，胡来胡现，汉来汉现。老僧把一枝草为丈六金身用，把丈六金身为一枝草用。佛是烦恼，烦恼是佛。"

无相毕竟修了二十多年，脸色由青转红，眼睛逐渐放出光来。

"你二人若一生不离丛林，不语十年五载，无人唤你作哑汉。以后佛也不奈你何！你若不信，截取老僧头去。"

无相、无明此时齐齐点头称是。

禅师此时笑道："二位大德自今日起，好好参究《信心铭》，梦幻空华，何劳把捉，心若不异，万法一如。既不从外得，执着甚么？"

茶密小讲堂（十）

打坐、禅修时如何保持脏腑平衡？

人有三种平衡:人与自然的平衡，内在心态的平衡，器官脏腑的平衡。

《内经》开篇讲："人享尽天年，度百岁而去。"人体内部风调雨顺环境平衡，则细胞有活力，健壮，人自然年轻，健康，愉悦。

今天我们提到的脏腑平衡包括五大互为表里的系统：心和小肠，肝和胆，脾和胃，肺和大肠，肾和膀胱。他们之间相互促进，又相互制约，形成了一个有机结合的整体。五脏六腑顺通安和，人的正气就会旺盛，人自身的自愈免疫能力可防御疾病，阴阳平衡，平衡激发正气，正气足而百病不生。

如何在打坐、禅修时保持身心平衡有一些注意点：

一、一心不乱。

《黄帝内经》指出："心是五脏腑之主，怒伤肝、喜伤心、思伤脾、忧伤肺、恐伤肾。"又曰："百病皆生于气。"如果禅修时杂念丛生，情绪起伏，很难成就。保持心态平衡是修心的第一要点。

二、信心不二。

修身养性需要有坚定的信心，一门深熏，如果这山望着那山高，轻浮好动，得陇望蜀，这样很难有收获。

三、节制饮食和欲望。

稽康的《养生论》说："其自用甚者饮食不节，以生百病。好色不倦，以致乏绝。"修者饮食、色欲两事应有节制，使之适度。

四、了解环境。

禅修的环境对于修者非常重要，如果气场混乱，不利进入修境。

五、了解打坐时饮食对体内脏腑的影响以及反应。

六、了解禅修时喝茶的顺逆反应。

我们首先来补充说说环境。

修时环境对饮食消化吸收有直接的影响。如修时，环境和修者不相应，无论吃什么，都不太容易吸收营养成分。这就如同望梅止渴一样，外境对身体的影响通过眼耳鼻舌身反应到大脑，形成念头，直接会对身体起到作用。我们这里说的环境，包括了空间，可以看到的风景，听到的声音，嗅到的气味，感触到的气场、物品、温度、湿度、光线，以及对禅修者情绪影响最大的同修的人。

在修时与修者爱沟通的那位同修，他的状态会直接影响修者当下的心态，决定了此次修的效果。禅修时老师几乎要求修者默言的原因是无论同修对禅理的理解有多深，都会影响对方的心态，让对方的心不能清静。有些人以为在帮助别人的同时，正在不自觉地打扰对方，影响对方，破坏对方。修的时候，每位修者反应和进入途径不同，出现好现象未必是真好，出现不好的现象也未必是真不好，如果自以为是轻易判断，给对方不负责任的建议、意见，觉得用自己的经验帮助对方，或者传授什么自己觉得好的修法，根据自己经验去指导同修，害人不浅而不知，这才是可怕的。

接着我们来说说修时的饮食。

修时最好吃一些简单、清淡的饮食，打坐时间长，肠胃自然减少蠕动，功能下降，如果吃得过多，需要调动脏腑工作来消化食物，肚子里面很热闹时，会让人头脑难以保持集中，妨碍修炼。

如果修时感觉肚子胀气，消化不良，一方面可能是吃多了，我们在修时即使是清淡的饮食也不能吃得太多，一方面可能因为情绪不稳定，和别人交谈，或者自己杂念纷呈而引起。因此，无论是在外参加集体禅修还是自己在家打坐修炼期间，都需要遵循饮食节制、清淡，尽量少与人交往、沟通交流的原则。

茶密小秘诀：

如何解决打坐时出现的胃部僵硬、寒凉、胀气或消化不良引起的不适：

1.用食指、中指、无名指按揉胃部，顺转九圈后逆转九圈。

胃区在肚脐与横膈中间，如在打坐时感觉这个部位寒凉、僵硬、胀气可在顺转逆转后搓热手掌，用双手在胃部轻贴补气十分钟。

2.双手食指、中指各按压两腿足三里穴，按住后往里运气按揉3~5分钟。在按揉时身体在脊背打直状态下微微前倾，避免出声音，影响身边的同修。

3.将脊背打直回正，双手互相按揉虎口中的合谷穴3~5分

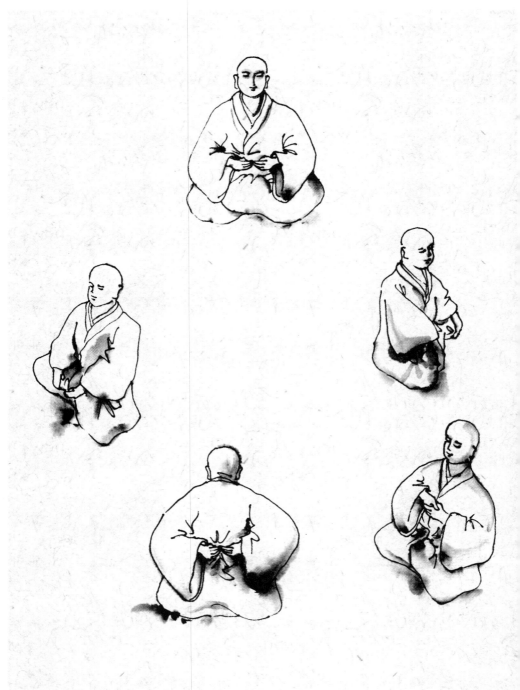

钟。力度适中，气往下沉，力量要有穿透性。

4.双手叠至腰背部，用食指、中指、无名指按揉腰椎3~5分钟。

5.深吸气，胸部扩张，前挺，屏息30秒，反复8~10次。

一般消化不良、胃部胀气、寒凉的状况在以上五部后会有缓解，如果这样也无法恢复，建议马上下坐，进行深度调理。

最后我们来介绍一下喝茶的顺逆反应。

禅修、打坐时适度喝茶可以帮助精神清晰，全身细胞放松，念头清净，思想集中。什么是禅修一心不乱的禅境呢？就像湖水在无风无浪的时候，水清晰见底，就像镜子越没有灰尘越清晰照人一样，人的心在清晰的状态下容易放松进入禅定，进入冥想。又好像开车时挡风玻璃越模糊，人精神不知不觉会紧张，挡风玻璃越清晰，越容易放松心情看清楚路面一样。

喝茶能在一定程度上帮助精神清晰，摒除杂念，气血通畅，这是茶对生命的顺反应。禅修时饮茶更需求在清净的心态下接受茶气、茶香、茶味和茶水，通过品茶达到禅茶一味的境界。

但妨碍这种清净心态的行为就是现代人喜欢边喝茶边高谈阔论，家长里短，是非对错，评头论足，这是现代人普遍的习惯和习气，也就是禅茶的逆反应。

在这种情况下，越好的茶叶，越优雅的环境，茶水喝得越舒服，谈论得越高兴对身体的妨碍就越大。修者想得到像古人一样禅修的能量，逍遥自在、无拘无束、天人合一的禅境，先要克服这些习惯和习气。让自己安静下来，保持独立，宁静，默言，内观。

智者元方
愚人自縛

第十一章

茫茫宇宙人无数，几个男儿是丈夫

一

今年来至道庵参加夏安居的有三十多人。这些人禅修打坐时勉强可以在禅堂内挤着坐下，但晚上休息就成了大问题，禅堂太小，晚上住十几个人就已经人满为患了，有近二十人没有地方睡觉，那些人有的搬个铺盖睡在禅堂门口的院子里。

这几年赵州禅师声名鹊起，想来求法、问道、拜师、修禅的人大约一年有近千人，天天排队在禅堂门口等候禅师，这些人中大部分都想参加每年两次的禅堂安居，得到禅师亲自指导，但禅堂就这么大，禅师暂时没有计划在庵内加盖房间，除了真秀上座外，禅师也没有收留正式的入室弟子，人来了没有地方接待，没有人招呼。好在那些人无所谓，有些人长期住在树下，有些人就住院子里的空地，也不在意日晒雨淋。

真秀曾经劝师父不如加建几间茅房，师父当天写了首龙山禅师的诗放在禅堂："三间茅屋从来住，一道神光万境闲；莫作是非来辩我，浮世穿凿不相关"。真秀看了，笑笑作罢。

本来禅师定下了每次安居的人数为八人，夏安居的规定禅堂内一人和另外一人之间的禅坐距离相隔一米比较合适，所以按照禅堂的空间来看，除了禅师和真秀上座、长空长老二位，可以另外接受八人加入安居。

没想到的是那些去年参加冬安居的人不肯走，后来的人没有多余地方接待，全都拥在禅堂，导致现在门口、房内全是人。再来请教的人，看到这种情况只好遗憾地叹气回去，但也有说什么都不肯离开的，院子、树下没位置了，就睡走廊、门厅，更有甚者，晚上睡厕所里。这些人加在一起有28人，加上原来禅师同意留下参加夏安居的8人，共36人。禅师慈悲，看这些人道心坚定，也就接受了，这样一来，今年小小至道庵的夏安居修者共39位。

这样过了一个月，酷暑难耐，这些人打坐时散发的热气、燥气、暑气、邪气弥漫在狭小的空间里，有些人身上起红疹，再加上蚊叮虫咬，空气闷热，本来安居清净、舒适、宁静、安然的气氛被人为地破坏和影响了。打坐时再也很难保持默言，人不觉地动来动去，不能进入定境。

二

夏至那一天午时，有一男子行至至道庵山门，头顶烈日，独脚站立，如如不动。由于安居时大家都不会离开禅堂，平时过来请教、拜访、烧香、念佛的居士们知道这段时间庵中在做安居，故不来打扰禅修。这个男子就自己站在山门口，一转眼两个时辰了，没有人知道有这么一个人存在。

长空长老每天傍晚有巡庵的习惯，今天他来到山门，发现了这名男子，长空转身回去，用嘴咬真秀的裤腿，拉他来到山门，真秀定睛一看，倒吸一口凉气。

但见此男子，发长及腰，头顶梳髻，一身青灰破旧道袍，眼睛半开半闭，精光不绝，真秀在百米之外就可以感觉到他气场强大，本想合掌施礼问候一下，仔细一看，那男子已经深层入定了。

真秀知道道家入门站法里有金鸡独立或燕式平衡等方法可以使意念集中，将气血引向足底，长期修单腿站功可以脱胎换骨。记得在终南山时丹元师兄告诉他站功要诀是："心如死灰，立足即根。不求动静，只为念定。"

他小时候经常因为打坐时心浮气躁，师父也让他练习过禅门洗髓经中的站桩功夫，师父曾告诉他："打坐是静功，站桩为动功，定慧双修中定是身体的功夫，静中有动，动中有静，动静不二，正常人身体都有病，病轻入皮肉，重入经络，极重入骨髓，达摩祖师观中土人喜坐禅，故传易筋洗髓功。站桩中独腿站立的功夫也叫'童子拜观音'，可炼气入骨，使精气不漏，血暖髓满，将身体内阴气邪气毒气逼出来，又可帮助入定。"

道家的练法和禅门有所不同，那时丹元师兄告诉他，他练站功每天先练两三个时辰"转天尊"，就是双脚踮起来，脚跟不着地，双膝就像站桩一样曲弯着走内圈，

"转天尊"之后练习"金鸡独立"，练就之后阳神出体，身外有身，当时他说他听闻师父纯阳真人以前一站数月不动。

师父虽然告诉他存在这些神通，但既没见师父练过，也从来不让真秀修。记得有一次，真秀感觉身体如同密教修行者一般，拙火从丹田升起，通体发热，法喜充满。还有一次，打坐时背后放光，这些师父统统不许他练，过了一段时间，那些感觉逐渐消失了。

三

第二天午时，真秀去门口观看，那位道兄依然一动不动，再仔细观察，发现昨天他是面朝正西方，今天转成面朝正南方了，观察他的眼睛可以发现，道人的定力十分了得。

"唉，这位大善知识不知是何方神圣？成就这样的功夫不知修了多久？不容易啊！"真秀边摇头叹气，边回禅房了。

毕竟需要多关心正在修安居的三十多位修者。那些人现在

愈发难过了，咳嗽，发热，腹泻，焦虑，各种症状和情绪问题让真秀很头疼。

修者有人会想赵州禅师法力、功力这么深厚，为什么不帮助那些生病的人？对禅师来说应该不是特别困难的事情啊。

真秀记得师父以前告诉过他，佛陀和众多的出家比丘也是经常生病的，据《增一阿含经》记载，有一次佛陀得了重病，不能外出化缘，佛陀就将自己的钵交给阿难尊者，让阿难尊者去化一些牛乳来治病。还有一次，佛陀正在给大众讲法，突然生病讲不下去了，就吩咐阿难尊者替自己讲法。阿难尊者问佛得了什么病，佛陀回答是当年雪山苦行受了风寒，现在风寒发作，背痛难忍，无法给大众讲法。

比丘得病也要依靠药品来医治。佛不允许比丘携带金银，但同意比丘随时携带药品。比丘得病以后要请医生来诊断医治。曾经有一个比丘身患重病卧床不起，佛陀亲自去舍卫大城请名医为他治病，比丘为此深受感动。

师父告诉他佛陀是人，有时被神话成了刀枪不入的神仙，不需要任何医药，

神话中佛不但自己不需要医药，而且能给比丘看病。比丘得病以后只要念佛名号就能治病。无论出家在家，只要一心念佛就可以治病。念观音菩萨名号也可以治病，用大悲水等也可以治病。这种观念导致了一些修者十分迷信，佛像越建越大。

真秀很认真地问师父，到底佛有没有神通，会不会治病？师父笑而不答。

"这次安居的修者都很苦恼，身心不安，师父为什么视而

不见？师父在等他们开悟吗？还是在等什么呢？"

四

又过了一天，真秀再来山门，发现道人还是同样姿势，金鸡独立，深深入定，只是站立方向又转到了正东，面朝山门进口了，真秀过来时，好像和他面对面一般，真秀看他入定，也不愿打扰他，于是转身往回走。

走着走着，真秀感觉到身后气感强烈，腰背一股热气翻滚，这到底是什么反应？修行人不习惯回头看东西，所以他继续往前走，待至走到他休息的茅棚门口，看见长空向他奔来，从长空向他身后侧望的眼神中他突然反应过来，原来门口的道人跟踪而至，就静静地站在他的身后。

真秀还是没有回头，轻轻问了声："施主，请问您从哪里来？"

那道人哈哈大笑，"真秀师兄啊！难道您真的不记得我了？"

真秀听了一惊，怀抱长空慢慢转身，定睛细瞧，还是想不起来，这么看了良久，真秀一声惊叫："呀！原来是你！"

二人各自跨前一步，张开手拥抱在一起，可怜无辜的长空长老被两个男人夹在当中，挣脱不得，苦不堪言。

167

五

此人正是当年纯阳真人的弟子，当年终南山结缘的丹元道人。当年在终南山时，二人一起住了一个多月，无话不谈，甚是投机。

久别重逢，自然喜出望外。真秀更没有想到这三天让自己很迷惑不知是敌是友的道兄居然是丹元老友。

"哈哈，道兄，您怎么来了？"

"我师父安排我来的。"

"哦？纯阳真人安排您来至道庵做什么？"

"师父说禅师这里有修者业障显现，如果现在放弃可能身染重病，所以就让我来了。"丹元笑眯眯地说。

"什么？纯阳真人怎么知道我们至道庵的这些事？"

丹元一耸肩膀，吐着舌头，摇摇头。少年时候的样子自然流露出来。

"那师兄您，是帮我们治病来了？"

"是啊，我都来三天了，观察这里的气场、能量，现在已经帮他们调理好了。"

真秀不相信，一拉丹元的手，二人携手进入禅堂。

果然禅堂不知怎地变得十分清凉，气息幽香，修者们都十分安静地在打坐，暑气、燥气、邪气、热气一销而光，没有人像前几日那般躁动，看到此景，真秀不禁长出一口气，"这真是太不可思议了！"

茶密小讲堂（十一）

关于打坐时气脉及体温的变化

在长时间打坐和禅修时，修者身体会出现各种变化，例如大部分修者感觉自己饥饿感减少，不吃也不饿。还有些修者平时没什么力气，但某种情况下突然力大无穷。还有些修者身体气脉动的时候，喜乐舒服的感觉无法形容等，因人而异有各种变化出现。

首先我们来谈谈气：

人类赖以生存的饮食：首先是气体食，片刻不可离；接着是液体食，姑且可离三四日；最后是固体食，一月不食依然精神抖擞者众多，人无论凡愚贵贱，皆赖此三食而生；现代人务实，不理解、不相信气的能量，重固体而轻气体，实属逐末忘本。

一、"气"是人的精、气、神三宝之一，中医认为精气神是人体的核心。人体由五脏六腑所化蕴的菁华叫作精；气是由精转化的；神是由精和气转变成精神。

中医中人体是由经（十二正经、奇经八脉）、络、腧穴、奇恒之腑、五脏六腑、精气神这些构成，离不开阴阳平衡，气血运行。

道教与密宗也有气、脉、明点、拙火的说法，这二家在修时非常注重气及精与心灵相依互动的关系。由此可见气脉存在人体中，和我们身心灵关系密切。

二、在禅法里，也有调身、调息、调饮食、调睡眠等各种和气相关的修法。调身、调息的息指呼吸，饮食与睡眠跟我们气血运行有相当大的关系。佛法对于色身的物质体，即所谓的四大（地、水、火、风），广义上的"风"包括了"气"——气脉。据经典记载，我们身上不同部位有不同的风，如：关节有关节风、腰有腰风，还有动转风、弃舍风等等；一般的呼吸是一种息风，而我们的行为举止、举手投足、排泄排毒和风的运转密不可分。

在地、水、火、风"四大"里，彼此互相依存含摄，风的力量最大，然后是火，再后是水，最后是地。

地是骨骼、肌肉；水是液体；火是体温；风是气、呼吸种种气脉，在这里面起主导四大的是我们的心，心之所至，则风气随之转动，风动则火动，火动则水、地动，所以气脉之动转其关键就在我们的心。

气脉是贯通全身的，局部气脉如任督二脉或密宗所谈的六轮，如中医的十二经络，局部性气脉和贯通全身气脉有区别；气脉也有浅深，随着禅修进入禅定的状态，定力的浅深可以感知到气脉运行的浅深，进入深层禅定的修者可以把贯通全身的气脉运打开，甚至可以将身体每一个毛孔打开，全身毛孔也可以替代肺部呼吸。

气脉会根据人的身体状态而发生转变，如随业力、思想、习性、饮食、环境等而转化，绝大部分人身体气脉堵塞，气脉通畅的人，精力旺盛、活力充沛。一条气脉不通会影响身上其他气脉也不通，那么人的能量、精神便无法充分发挥，如果气脉打通，就是"茅塞顿开"的感觉出来，智慧顿开，头脑灵活，心性清明。

打坐禅修时体温的变化：

打坐时许多现象用现代医学的观点是解释不通的，从西医角度看，这些都是病态。其中体温的变化就是不可思议的变化之一。

一般来说，人体自然呼吸每分钟为16次，但具备禅定功夫的修者，打坐时可以变为每分钟3次左右，越进入深层禅定，呼吸次数越少。看上去呼吸有像停止一样的感觉。呼吸越缓慢，身体体温随之下降。古人文献中常有发现某人在树下进入深层禅定，犹如石头一样僵硬冰冷，但苏醒后很快就恢复正常。

不懂这些道理的禅修者，不理解这些修时不可思议的现象，出现体温下降就开始恐惧、紧张。是否得了什么疾病？因为西医的说法，人需要体温才能够维持生命。临死时，人体温先下降，一旦产生这种念头，他就只好放下禅修，停步不前。

其实不仅仅是禅修、瑜伽、太极，甚至运动、艺术，要想提高到一定境界，都需要经历非常痛苦的转化，这其中的经历可以用死去活来表述，转化的过程痛苦不堪，如果那一刻怀疑、犹豫、恐惧而放弃，肯定无法得到最终的成就。克服这样的心理不但需要忍辱精神，更需要智慧的引领，知道这些痛苦不过是短暂的过程而已。

打坐和禅修如因为体温下降而快速放弃的修者，可能会出现抽搐、寒冷，那时需要立即喝热的姜加普洱加蜂蜜水，帮助身体放松、温暖。

第十二章

不睹云中雁，焉知沙塞寒

一

　　这一天是农历八月十五，中秋佳节。

　　古时帝王的礼制中有"春祭日、秋祭月"二祭。最初祭月的日子定在"秋分"，由于"秋分"这个季节在八月内每年不同，所以秋分这一天不一定有月亮，祭月无月是大煞风景的，逐渐约定俗成，祭月的日子固定在八月十五日中秋节。

175

唐太宗李世民时，大将李靖征讨北方突厥，转战边塞，屡建奇功。凯旋之际恰逢八月十五，长安城内外鸣炮奏乐，有个吐蕃人向皇上献圆饼祝捷。太宗大喜，接过装潢华丽的饼盒，取出彩色圆饼，指着悬挂天空的明月说道："应将胡饼邀蟾蜍。"随后，将圆饼分给了文武百官。自此，中秋节吃月饼的习俗便在民间流传下来。

不知不觉丹元来至道庵已经三个月了，这天中秋看到居士信众络绎不绝来寺中给赵州禅师供养月饼、鲜花，还拿来各种蔬菜豆腐，丹元不禁想起自己的师父纯阳真人来。不喜接触人的师父此刻必定独自在观中入定，中秋是气候转换分界点，一过中秋，天气明显转凉，真人每逢气候转换之时，必在节气的前三天至后三天共七天入定修内丹。"中庭地白树栖鸦，冷露无声湿桂花。今夜月明人尽望，不知秋思落谁家。"丹元嘴中念起了突然想起的诗句。

禅寺没有中秋的习惯，尽管印度也过中秋节，他们叫"月亮节"，但赵州禅师不喜仪式，也没有什么过节的概念，不管多少人来供养月饼、鲜花，他还是和平常一样，上午十点在禅堂讲《信心铭》，讲完回茅棚自己精进。

真秀没丹元这么多心思，丹元在一旁念诗的时候，他正在煲百枣莲子银杏粥，他先将莲子煮片刻，再放入百合、大枣、银杏、粳米煮沸后用小火熬至粥稠。师父在秋天爱喝一碗粥养阴润肺、健脾和胃，他欢快地在厨房忙活，哪有功夫去听丹元的思乡曲？

二

"真秀师兄，我想明天启程回山了。"

"怎么了？想念师父了？"

"是啊，下山快半年了，不知师父如何，甚是挂念。"

第二天早课结束，丹元悠悠地和真秀道别。

"禅师今年八十多岁，还那么活力充沛，每天上堂宣示正道，遇到无礼之人，以情相让，以道相容，和气格天，恒顺众生，真菩萨也！"

"呵呵，师兄，我当年在终南山见纯阳真人时，他都已经二百多岁了吧？鹤发童颜，肤如凝脂，不是比我师父看上去都显年轻？"

"师兄，纯阳真人如果没有定您回山的日子，您就在这里多住一段时间吧。"二人说着闲话，从禅堂来到厨房准备进餐。

"真秀师兄，您师父赵州禅师和我师父一样，他们都是大智慧，功夫出神入化的菩萨、神仙，他们都应该长生不死，越长寿越好，用你们的话说可以济度多少有情众生啊？"

真秀拿出一个自己永远吃不厌的馒头递给丹元，问道："丹元师兄，纯阳真人平时爱吃什么？"

"我师父几乎不吃什么东西，就是爱茶。"

"我师父也是，他爱茶都爱出了大名声，有一日，两位刚来至道庵的行脚僧人慕名来拜会师父，请教开悟之道。师父先问其中一人以前来过这里没有，那人说没有来过，师父让他喫茶去。接着又问另一位僧人以前来过这里没有，那人回答去年来过，师父还是让他喫茶去。我在旁边听了满腹疑问，连忙问师父，没来的叫他喫茶去，来过的人为什么也叫他喫茶去呢？那时师父突然大喊了一声我的名字，说：真秀喫茶去！吓坏我了！"

丹元哈哈大笑，连馒头都不想吃了，接着说：

"您师父真是太有意思了，我看见前几天来了一个居士，问禅师'真化无迹，无师、弟子时如何？'禅师说：'谁教你跑过来问这个莫名其妙问题的？'那人说：'没有别人让我来啊。'禅师便抡起大板打他，他挨了打不但不恼，反而给禅师不断磕头，磕得禅师烦了，把他轰出禅堂，结果他就在禅堂外面继续磕。"

真秀听了也笑道："我师父这种故事恐怕三天三夜也讲不完，那天一僧来问：'如何是赵州？'师父说：'东门、西门、南门、北门。'那僧听得一头雾水，接着问：'如何是定？'师父说：'不定。'那僧更加糊涂：'为什么不定？'师父瞪着他大吼一声：'活物，活物。'吓得他狼狈而逃，也不知开悟没有？"

二人越谈越高兴，连给师父送餐都忘了，及至想起时，真秀吓得赶忙给师父热粥。

丹元在旁边问道："真秀师兄，禅师平常除了茶还爱吃什么？"

"没有什么特别的，近期每天一碗粥，有时一根萝卜，如果入定就不吃饭了，这两年他入定时间越来越多，入定时连茶也不喝，厕所也不上，十年前常常是入定一两天，去年开始，一入定就七天，不吃不喝，连心跳呼吸都好像没了，浑身僵硬冰冷的，害得我以为他灭寂了，哭得嗷嗷的。"

说着马上问："您师父纯阳真人除了茶爱吃什么？"

"我在山上时，每天上午给师父采树叶上的露水，他早上泡茶爱喝露水。"

"我小时候也给师父采露水，这十年师父连露水也不喝了。"

丹元似乎想了想，接着说："师父以前也吃松子、榛蘑，偶尔采来灵芝、仙草、葛根，野菜也是吃的，不过这几年连这些都不吃了，真秀师兄您呢？您爱吃什么？"

"我？我能和师父、大真人比吗？他们能纳天地灵气，我吃什么这几个月您不是天天看到了吗？"

"大馒头！"

"哈哈，我的最爱！"

三

下午起了大风，将山门口堆了不少落叶，真秀和丹元一人扛着一把大扫帚在山门清扫。

扫着扫着，丹元对着庵门发呆。真秀见状问道：

"咱们这门有什么特别吗？上次师兄来时在此独立入定三天，莫非有什么特别之处？"

丹元歪着头，说："师兄啊，我早想问您了，我们是修道的，您们是修禅的，那应该我们的道观叫至道庵，您们的禅院叫至禅庵才对啊？为什么禅师写的是至道庵的名字呢？"

"师兄，禅与道有什么区别？"真秀眨着眼睛，笑眯眯地问道。

"当然有啊！您来看！"说着，丹元丹田发力，将扫帚反抓当棍用，在山门地上的黄土上写了一个大大的深深的"道"字，接着又写了个大大的深深的"禅"字。下笔如风，尘土飞扬，写完丹元坏笑着抱拳当胸，看真秀如何应对。

好真秀，果然不愧跟随禅师禅修三十年，神色如常，气定神闲地将扫帚举至空中，然后大吼一声，将扫帚在虚空中飞舞起来，边写边吼："禅！"写完"禅"字，又是扫帚在虚空中飞舞，一声大吼："道！"

真秀写完回身，望着发怔的丹元笑道："师兄，您说这'禅'与'道'不一样吗？"

此时，残阳如血，霞光洒满山门，丹元和真秀瞪圆了眼，一左一右站立庵门两边，左青龙右白虎一般互相瞪着，仿佛浑然于天地清明之中，无我无他，无禅无道，一心不生，万法无咎。也不知道过了多久，真秀和丹元同时哈哈大笑，笑声通天彻地，经久不绝。

此时，独自在房间禅坐的赵州禅师心中满是欢喜，"不睹云中雁，焉知沙塞寒，真秀徒儿得道矣。"

180

茶密小讲堂（十二）

什么是禅者的饮食观？

禅者和修其他功夫、宗派的修者来比较，更加强调"一切唯心造"的心法，吃饭，睡觉，喫茶，购物，做事，无论外界环境发生了什么变化，内在会保持一颗清净的心，一心不乱。禅者无忧，禅心常乐。并不是因为他拥有了他爱的一切，而是他会爱他拥有的一切。

禅者遇到困难也会和世人一样产生情绪，但禅者知道，情绪不过是当下的缘起，和风一样，来去无明。转移笨，发泄愚，逃避弱，压抑苦。禅者笑纳，心如明镜，观之而不忧，受之而不乱。

我们为什么需要禅修？

有些人认为，禅修就是去寺庙，门一关，就是禅修。这些想法比较片面。

世上万物生灭皆为因缘和合，因果使然。顺缘会造成压力，逆缘会产生沮丧心态。这些情况都需要通过修行来解决。

那什么是顺缘产生的压力呢？比如一个人特别有才华，不断发挥，事业一帆风顺，到达一个高度，但很不幸，他个人的聪明才华被他透支了，健康也同样在没日没夜的加班、构思、拼搏中被吞噬，和家人在一起温情、享受、交流的时间被工作和补觉替代，回家后主要任务是吃饭睡觉，心灵的沟通交流减少，引起伴侣的抱怨，而事业的登峰状态没有智慧和健康是很

修禪

樂極轉縛

極樂莊東

难保持的。于是，他的人生就变成在公司面临下坡的危险，在家庭中得不到放松和幸福，从而疲于奔命，身心皆苦。而容易紧张的人是不会放松的，他的成功多半来自他的敏锐和多思，他对自己要求严格，所以慢慢就变得更加敏感、焦虑、多言，结果不管在哪里度假休息，心里也放松不下来，他放不下对身边出现的任何事物的怀疑、不安；做不到随缘而安，随遇而安，随心而安。顺缘中，在高峰时他害怕进入低谷，保持不了巅峰状态，在困难中他情绪失控，无法让自己安静和坦然，暴怒无法真正解决问题，只会让事情更加糟糕。

近代高僧弘一法师曾经说："识不足则多虑，威不足则多怒，信不足则多言。"因为他曾经获得的成功，使他在表面上看起来自信、自满，内心里却自闭、自卑，表面上乐观乐道，博学广义，内心里家徒四壁，一无所获。这样的顺境、顺缘带来的压力是很可怕的，表里不如一，心苦无人诉。谁也不相信，谁也帮不了他，吃什么药都治不了心。有些人因此得了忧郁症，自杀，自弃。

那什么是逆缘产生的沮丧心态呢？就是一般人认为看破红尘，消极厌世的人生态度，如果仅仅带着这样遁世的心态去禅修不但难成就，而且因为心思复杂、悲观、消极，容易引起气脉混乱，走火入魔。

禅修是找到自己平时看不见的那颗心，"应无所住而生其心"，心要有个家，但又不能执着，这样才可以随缘自在，任运自然。随缘自在不是飘忽不定，来去匆匆，这种禅心是自己无论身处何时、何地都可以不为物迷，不为情痴，不为境牵，一心不

185

乱，如如不动，所谓禅修，就是修心。逆缘要修，顺缘更要修。

现代人认为看几本心灵鸡汤一样的禅书，懂一些禅理、禅学，再布置一些幽静的空间就是修禅了，这些人如果执着在这样的境界中，是无法悟道解脱的。修是需要付诸实践"定慧双修"，定是功夫，慧是智慧，以智慧带动身体的功夫，没有实践和实修，熬不过盘坐时腿脚的疼痛，看书是看不出实修身心转化，如凤凰涅槃时的刹那光明的。就如同学习了一辈子关于游泳的知识，怎么换气，怎么蹬腿，怎么摆臂，但真正跳入水中会发现知识全部没用，会不会淹死要下水才知道。

没有修行的实践，不会理解什么是燥热后的清凉，迷惑后的透彻，什么是光明顿起的觉照，什么是无边无际的喜乐。就如同一个瞎子，无论文字怎么形容、怎么描述，他也想象不出来沐浴阳光的那种感觉。

有些人虽然进入了实修，但又进入另一个误区，例如把禅修当仪式，把禅修当老师布置的功课，把禅修当成有时间性。修的时候和平时的状态不同，好像禅修也有上下班的概念，有固定的仪式，是必须完成的作业。

如果感觉禅修很有趣的人，他们把禅修当做上下班，像出去结伴旅游一样，和一群同修每天热热闹闹进入禅堂打坐，结果一上座了发现自己和自己的心不太熟悉，杂念纷呈，腰酸背痛，下了座还是原来的自己，没什么变化。这样的所谓禅修和去健身房、瑜伽馆区别不大，拉拉筋，盘盘腿，交交友，听听法，不过是健身娱乐的另一种方式。

如果感觉禅修是功课的人，每天会很认真地完成老师布置的一天几个小时双盘、几个小时念经的功课，把禅修当完成作业，这些人即便通过苦修变得身体柔软，熟记经文，但禅修关键在于修心，这样当作业一样的只是苦熬身体，很难证悟，很难生出智慧光明的大心，这些人遇到问题还是一样没有自信，没有主见。禅修不是为了老师、为了别人而修的，般若禅心是自己的，如何脱离当下迷惑，离苦得乐，出入不二。

如果感觉禅修是仪式的人，就更难成就了，不要把宝贵的禅修变成各种祭祀、法事、形式，变成离不开禅修时的各种外缘如焚香、梵音、寺庙、禅服、茶艺、环境等等。这就背离"禅"的精神了。

中国禅"佛法在世间，不离世间觉"，离开了日常生活，堕于悄然机，不管是坐在神仙洞里，或溺在一潭水中，只是位坐禅的凡夫。

《维摩诘经》中，维摩诘大居士指出舍利弗尊者不应只在林中禅坐，主张"不于三界现身意，是为宴坐"，"不舍道法而现凡夫事，是为宴坐"。他说禅坐不仅仅是隐居山林，逍遥避世地自己躲起来禅修，或者在特定环境里禅坐，而应"终日凡夫，终日道法"，在一切地方心无所住，一心不乱。舍利弗尊者的心沉溺于静寂的枯坐中，所以加以指正。

慧能禅师继承了维摩大居士的思想，他在《坛经》中明确反对拘于形式的枯坐："若言长坐不动是，只如舍利弗宴坐林中，却被维摩诘诃。善知识，又见有人教坐，看心观净，不动不起，从此置功。迷人不悟，便执成颠。如此者众。如是相教，故知大错。"中国禅注重明心见性的顿悟，不重视

187

持戒、坐禅这一类修持工夫，主张饥来吃饭困来眠，平常心是道，于是，禅就体现在担水、劈柴、饮茶、种地这些生活之中。了悟的禅者不可离弃现象而耽于圣境，"人生须特达，起坐觉馨香"，在行住坐卧都体悟玄妙的禅境。

禅修是让我们先找回自己，找回平常心，找回真心、深心、本心，找回这清净、自在、慈悲的禅心。生命在俯仰之间，一如云烟，难免会有垂垂老矣的无奈与悲凉，禅修是证得自心解脱后生慈悲心，自利利他，自觉觉他。真正的慈悲有感染力，有愿力，有智慧方便，当一个人非常慈悲时，他便赋予了人生生命的意义，生命若无意义，与蝼蚁何异？觉悟的人会很快乐幸福，当他带着这样的心去看世界，草木雨露，黑白是非，都是美好的，不二皆同，无不包容，日日是好日，年年是好年，他会在生活中扶持弱者，赞美强者，天地清明，胸怀宽广，他无时无刻不在帮助人们导向生命的终极解脱，是入大光明。

有了这样的禅心带动一切行为、意识、念头，我们才会身心合一，开不可思议玄妙之门。没有升起禅心的修者，往往忽略禅以修心为主的根本精神，思维和普通人一样用分别心区别饮食的营养带动自己平时的饮食习惯。

从现代医学角度看，古时大禅师摄取食物不平衡，云门宗第七代传人元丰清满禅师，因用树叶擦手而开悟，颂曰："大奇大奇，动用还迷。更问如何，蓦口便槌。"他在"山居苦行，绝粒七年"，所谓绝粒，就是不吃五谷，仅以野菜树叶为食。他曾有颂："饥餐松柏叶，渴饮涧中泉；看罢青青竹，和衣自在眠。更有山怀为君说，今年年是去年年。"根据古籍记载，这些禅师们不食五谷，长坐不卧，不但身体健康，更是极具功夫智慧，这是因为他们平时的禅修会将食物转化为生命中需要的元素。

生命健康需要的一切营养无论气、水、食都从天地中孕育而来，禅修时需要感悟到的是天地人合一的境界，将身体内原本具足的协调平衡能力发挥出来，即身体的自愈免疫能力，如果此时，禅修者的心还在分别外在饮食的营养结构、修时饮食的科学性等，他即得不到天地人合一时身心的相应状态，也启动不了身体潜在的自愈自疗、自平衡的能量系统。

而以上这两点是不可分割的，他们互相匹配，互相作用，只有在身心合一状态下修者才能够启动内在能量，只有启动了身体潜在的能量，身体方可纳取天地的灵气。故此，禅者饮食的关键是修一颗一心不乱、了了分明的禅心。雪峰宗演禅师有一则上堂法语，很是精彩：

"遣迷求悟，不知迷是悟之钳锤；爱圣憎凡，不知凡是圣之炉鞴。只如圣凡双泯、迷悟俱忘一句作么生道?半夜彩霞笼玉像，天明峰顶五云遮。"

又，苍雪禅师有诗曰："南台静坐一炉香,终日凝然万虑亡。不是息心除妄想,只缘无事可思量。"

图书在版编目（CIP）数据

禅者的秘密·饮食 / 悟义著. -- 上海：文汇出版社，
2013.5
　（茶密修养禅文化丛书）
　ISBN 978-7-5496-0856-0

　Ⅰ.①禅… Ⅱ.①悟… Ⅲ.①禅宗 – 关系 – 饮食 – 文化
– 中国 – 通俗读物 Ⅳ.①TS971-49

中国版本图书馆CIP数据核字(2013)第058571号

禅者的秘密·饮食

著　　者 / 悟　义

责任编辑 / 戴　铮

插　　画 / 静　岩　毛励铭

装帧设计 / 汤黎窗

出版发行 / 文汇出版社

　　　　上海市威海路755号

　　　　（邮政编码200041）

经　　销 / 全国新华书店

印刷装订 / 上海新文印刷厂有限公司

版　　次 / 2013年5月第1版

印　　次 / 2020年12月第6次印刷

开　　本 / 640X960　1/16

字　　数 / 50千字

印　　张 / 13.5

印　　数 / 20001－22000

书　　号 / ISBN 978-7-5496-0856-0

定　　价 / 36.00元